高等院校风景园林规划教材

Introduction to Landscape Design and Actual Training Tutorial

景观设计概论与实训教程

主　编 吴　倩 刘日端

副主编 马素英 赵　晶

大连理工大学出版社

图书在版编目 (CIP) 数据

景观设计概论与实训教程 / 吴倩，刘日端主编．—
大连：大连理工大学出版社，2015.5（2022.12重印）
高等院校风景园林规划教材
ISBN 978-7-5611-9791-2

Ⅰ．①景… Ⅱ．①吴… ②刘… Ⅲ．①景观设计－高等学校－教材 Ⅳ．① TU986.2

中国版本图书馆 CIP 数据核字 (2015) 第 051631 号

出版发行：大连理工大学出版社
（地址：大连市软件园路 80 号 邮编：116023)
印　　刷：大连永盛印业有限公司
幅面尺寸：185mm × 260mm
印　　张：12
出版时间：2015 年 5 月第 1 版
印刷时间：2022年 12月第 2 次印刷
责任编辑：裘美倩
责任校对：仲　仁
封面设计：张　群

ISBN 978-7-5611-9791-2
定　　价：45.00 元

电 话：0411-84708842
传 真：0411-84701466
邮 购：0411-84708943
E-mail：designbookdutp@gmail.com
URL：http:// www.dutp.cn

如有质量问题请联系出版中心：（0411）84709043 84709246

编写委员会

主　　编　吴　倩　刘日端

副 主 编　马素英　赵　晶

参编人员　赵芸鸽　兰　岚　孙　歌　王永志

　　　　　张　岩　白晓霞　王雁燕　李　明

前　言

面对新时期下景观设计人才培养的需求，景观设计在我国已进入蓬勃发展的阶段，并在日常生活中得到了关注。作为一门覆盖范围较广的学科，景观设计是针对整个客观物质世界进行综合创造的一项人类活动，从而为人们提供良好的生态环境和活动场所。

本书分为六章，为了能让读者更好地了解景观设计，我们介绍了很多同类教材没有的资料，所以从内容上看，该书比较系统、全面。第一章是对景观设计领域的一般性知识的介绍；第二章介绍了景观规划设计的专业名词含义、相关法规、标准及一些政策性文件，以便读者在设计实践中自觉地贯彻这些法规和标准；第三章结合实际案例讲述景观设计的步骤与方法；第四章配合图例介绍地形地貌、道路和硬质铺装、水景、植被、环境小品以及灯光等设计方面的问题；第五章按照景观设计的分类逐个讲解其在具体设计中应注意的问题；第六章则展示了部分优秀设计作品。

本书在编写过程中，参考并运用了相关专业的优秀书籍、教材和有关网站、景观设计公司的部分资料，图片大部分都是编写书籍的作者和相关景观设计师亲自拍摄的。同时，由于编者经验有限，书中难免会出现疏漏之处，恳切希望广大读者提出意见和建议，编者会在今后的工作中加以完善和提高。

目 录

第一章

对景观设计的解读　001

第一节　“景观”一词的出现及发展　001

第二节　景观设计相关概述　002

第三节　景观设计的目的　004

第四节　中国景观设计的现状与发展　005

第五节　国外景观设计对中国的影响　019

第六节　国内外著名景观设计师及其作品　027

第二章

景观设计的规范与准则　035

第一节　专业术语解析　035

第二节　景观设计相关规范汇编　051

第三节　景观设计中的识图图解　077

第三章

景观设计的步骤与方法　088

第四章

景观设计的专项元素设计　093

第一节　景观设计的地形地貌与山石的设计　093

第二节　景观设计的道路以及硬质铺装的设计　100

第三节　景观设计的水体设计及应用　109

第四节 景观设计的植物配置与应用 118
第五节 景观设计中的环境小品设计 129
第六节 景观设计中的照明设计 140

第五章
景观设计的具体分类与案例分析 144
第一节 城市广场景观设计 144
第二节 居住区景观设计 149
第三节 滨水景观设计 156
第四节 商业街区景观设计 160
第五节 城市公园景观设计 163
第六节 办公区园林景观设计 167

第六章
优秀作品欣赏 171

参考文献 186

第一章
对景观设计的解读

课程概述：本章主要对景观设计领域涉及到的一般性知识进行介绍，具体从景观的出现到景观的发展，从中国传统园林到西方园林，从古代园林到现代景观设计等几个方面进行阐述。

学习目标：通过对本章的学习，掌握景观设计的含义，对当今景观设计有个初步的了解和认知。

学习重点：对景观、景观设计师、景观设计学这些关联领域形成综合的认识。

学习难点：景观设计的发展历史等。

第一节　“景观”一词的出现及发展

一、感受“景观”的存在

我们每天都在接触室外环境，当我们打开大门走到室外，我们感受最深的除了空气，就是景观了。一处好的景观不仅能让我们身心舒适，更可以提高我们的艺术修养，陶冶情操。我们正生活在一个科学技术日新月异、经济一体化飞速发展的时代。随着全球资源的匮乏、生存环境的日益恶化，以及空气污染的持续加剧，人们提出了“低碳生活、可持续发展”等理念。但是，想找回那种世外桃源般的生活环境却并不容易。

景观是无处不在的，要想把环境变好也不是一朝一夕的事情，近几年，各个城市都开展了一系列便利市民出行、满足市民休闲娱乐需求的活动，开建了很多公园和广场，在原有的公园和广场上增设了健身器械和休息座椅等公共设施，并种植花木来增加城市的绿化面积，这是非常好的。可与此同时，也出现了很多问题，比如，草坪、花卉、树木长时间没有人打理，健身器材损坏无人修理，为老年人设置的座椅没有靠背等。如果这些问题持续得不到解决，那我们在感受景观的时候，又怎么会觉得这是一处好的景观呢？简而言之，我们欣赏或使用景观的同时也是在感受景观，更确切的说是在感受景观设计。

二、出现了“景观”

要想了解和掌握景观设计的含义和方法，就必须先明白什么是景观。只感受景观的存在是不够的，还要从深处去探寻景观的出处。那么，景观是什么？景观是自然风光，是人文名胜，是休闲娱乐，是传递信息与交流的手段，是服务于人们日常生活的必要元素。“景观”一词，最早出现于《圣经》中，《圣经》中的景观主要表达的是地表形态中的自然风光和风景画面，通常描述的是优美的乡村风情与田园风光，与汉语中的“风景”“景致”的意思相近。现代“景观”（Landscape）一词，源自德语，其涵盖的范围很广，主要包括三种类型的室外面貌：一是纯自然景观，二是自然与人工创造相结合的景观，三是人工创造的景观。

从很多学科中我们都能找到景观的影子。在地理学中，景观是一种地壳运动的方式，它是土地及土地以上的物质空间形成的综合体；在旅游学中，景观是一种经济效应，可带动社会的发展，促进社会的经济进步，它是国家资源的表现，是各族人民文化活动的产物，有自然的，也有人为的；从生态学角度来看，景观不仅为我们生存的空间创造了生命，而且还是永不断裂的生物链；从人类行为和心理学来看，景观是人与人、人与物之间沟通的媒介，是促使人们活着的一种视觉物质、感觉物质、触摸物质、听觉物质和嗅觉物质。所以，景观是一门含有颜色、声音、味道、时间、空间的综合立体艺术。

第二节　景观设计相关概述

一、景观设计

景观设计是以自然科学和人文艺术学科为基础，囊括城市规划、建筑设计、生态学、植物学、造园艺术等相关知识技术的应用学科。景观设计让人们重新认识自然，通过设计以及改造设计，不断加深人类与自然的联系，使人与自然得到统一。与此同时，它还丰富了人们的精神生活，创造了文明的生活方式。景观设计学涉及的范围很广，要求景观设计人员有丰富的知识、专业的技术以及实际的设计能力（手绘、计算机制图以及沟通技巧）等各方面技能。

随着社会的发展，人们对环境的要求不断提高，涉及室外环境的景观设计学也变得尤为重要。在发达国家，景观设计得到了迅猛发展，它所涉及的范围越来越广，涵盖的领域也越来越宽。在美国，景观设计小到空间环境设计，大到景观规划设计，内容十分丰富；在加拿大，景观设计主要是对现有土地的开发、利用、管理，是规划与管理层次上的概念。在我国，随着城市化水平的不断提高、城市建设的大规模发展，景观设计变得尤为活跃，它所涉及的领域主要是城市庭院景观设计、道路景观设计、城市广场景观设计、城市公园景观设计、居住区景观设计、校园景观设计、商业街景观设计、工厂景观设计、滨水景观设计以及风景名胜区景观设计及其相应的改造设计。总的来说，我国的景观设计主要是以城市规划为依据，对城市的环境空间进行的设计（图 1-2-1）。

图 1-2-1　以城市规划为依据，对城市环境空间进行的设计

二、景观设计学

景观设计学是以自然科学和人文艺术学科为基础的一门应用学科，不仅对环境进行基础设计，还强调环境的生态设计、历史人文特色和艺术关怀。景观设计学是对景观进行分析、规划布局、设计改造、管理、保护和恢复的一门综合学科与艺术。

三、景观设计师

景观设计师也叫景观设计员，是从事景观设计的职业人员。景观设计师的工作内容主要是景观规划设计、园林绿化建设和室外空间环境的营造等，设计的主要目的是解决现场存在的问题，营造和谐的人居环境。景观设计师应具备景观设计的专业素养，如美学、制图、设计、生态学、城市规划学、植物学、空间理论、历史文化、心理学等各方面的知识，所以景观设计师是综合性的专业型人才。在国外，景观设计学已趋向成熟，并已形成教育、注册、培训、就业和继续教育等一系列完整的职业制度，属于规划层面的学科。在我国，景观设计专业隶属于规划设计、建筑设计之下，还没有成为第一学科，也没有国家级的景观设计师注册考试制度。此外，与规划设计和建筑设计相比，景观设计专业在我国高等院校的叫法也不一，如景观设计、园林、风景园林、环境艺术等，虽然学位证书上的专业名不同，但所学内容基本相同，然而却没有统一的标准，可见学科发展极为不成熟。这在一定程度上造成了从事景观设计的人员的专业水平参差不齐，影响了景观设计的质量，也对工作后的资格考试造成了一定影响。因此，规范景观设计行业，有利于景观设计学科的建设与发展。

2004 年 12 月 2 日，在新一轮的国家职业认定中，景观设计师被国家劳动和社会保障部正式认定为国家职业。由此，景观设计师这一职业正式为社会所关注。据中国建筑人才网报道：北京、上海、深圳等大城市，景观设计师的收入处于设计类职业的上游水平，而且景观设计公司、景观施工单位一般都开设在大城市，中小城市的景观设计和施工单位比较少；再者，中小城市的城市发展相对滞后，也使景观人才更多地集中在大城市，导致地区景观发展不平衡。由于我国的城市化进程仍在继续，城市建设也在不断推进，因而景观设计具有很大的市场。因此，现今各大高校也非常重视景观设计这个专业，招生逐年增长。

第三节　景观设计的目的

一、景观设计的目的

景观设计的目的是合理地解决人与自然环境的关系，给人们带来心灵上的愉悦与享受，丰富人们的精神生活，营造和谐的人居环境。

工业革命以后，科学技术取得了前所未有的发展，人类的生活水平、生活方式乃至生活理念也都有了大跨度的转变，但是，科技发展却是以环境为代价的，这使人类的生存环境急剧恶化。面对这种情况，人们开始重新审视环境，也越来越清晰地意识到保护环境的重要性，因此，如何保护环境，如何创造和谐的人居环境，成为了人们必须面对的课题之一。景观设计因其所研究的对象，决定了这个专业必须走在这一课题的前沿，所以景观设计的目的之一就是创造人与自然和谐相处的空间。

设计究其根本是为人类服务，景观设计也不例外。随着空间理论的产生和发展，人们意识到空间对人们心理的影响，这使景观设计由原本对平面的重视转向了对平面和空间的把握，这种转变的根本目的是让室外空间最大限度地满足人们的使用和心理需求，拉近人们在活动时和心理上与自然环境的距离。景观设计能够依据空间理论创造出休憩、娱乐、休闲、交流、活动等各种功能空间，丰富人们的生活，满足人们精神上文化上的需求。

优秀的景观设计，会使杂乱无章的环境变得井井有条，给人舒适感以及美的享受；优秀的景观设计能够给人们提供各种休闲娱乐功能空间；大量的植物配置与水景设计可以调节人们的行为与情感，让人们释放情怀，愉悦，欣慰（图 1-3-1）。

总之，景观能够让城市回归自然，让人们贴近自然，走进自然（图 1-3-2）。

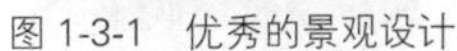

图 1-3-1　优秀的景观设计

图 1-3-2　景观能够让城市回归自然，让人们贴近自然，走进自然

第四节　中国景观设计的现状与发展

据学者验证，真正意义上的景观出现在人类从森林走向平原，学会农耕、建立村落以后。古人在解决了遮风避雨等最基本的居住问题之后，才逐渐开始在宅旁种植苗圃。英国哲学家培根曾说：“文明人类先建美宅，营园较迟，可见造园艺术比建筑更高一筹。”纵观世界古典园林，大致可归纳为中国园林（图 1-4-1）、西亚园林（图 1-4-2）和古希腊园林（图 1-4-3）三大派。

西亚园林的造园风格主要指古波斯（图 1-4-4）、古埃及（图 1-4-5）和古巴比伦（图 1-4-6）的园林，西亚北非在气候上属于热带沙漠气候，这种环境使人们只能在自家庭院里营造一小块绿洲景观，而“伊甸园”就是理想的天堂。伊甸园是一个大花园，里面小溪流水潺潺，音乐优美动听，鲜花绿树满园。伊甸园在布局上由横、纵两轴将园子分为四个区，形成“田”字，两轴线作为十字形林荫路来应用，轴线交叉处设置水池，寓意天堂。后来水的形式得到了发展，明沟暗渠与喷泉交相呼应的设计，影响了整个欧洲园林。

图 1-4-1　中国园林

图 1-4-2　西亚园林

图 1-4-3　古希腊园林

图 1-4-4 古波斯园林

图 1-4-5 古埃及园林

图 1-4-6 古巴比伦园林

古希腊园林（图 1-4-7）从西亚造园艺术中汲取精华，发展成了规整的柱廊园林形式。古罗马园林集成古希腊园林的艺术特色，结合自身的地理环境，发展成了极具特色的台地园，对地中海式的特色景观影响巨大。

中国古典园林（图 1-4-8）与西方古典园林有着明显的差异，园林中没有明显的景观轴线，却有着其自身组织景观的方法；没有修剪成集合形状的绿篱花草，却有着咫尺山林的园林意境。《园冶注释》（图 1-4-9）中“虽由人作，宛如天开”的描述是对中国古典园林特点形象的表达，道出了中国古典园林与西方古典园林根本性的不同。

图 1-4-7　古希腊园林
图 1-4-8　中国古典园林
图 1-4-9　《园冶注释》

一、中国园林的发展和成就

（一）古代苑囿

中国古典园林的最初形式是苑囿（图 1-4-10），这是文献上对中国古典园林最初的记载。“苑，所以养禽兽囿也”，是生产物质资料及供帝王打猎的场所；“囿，苑有垣也”，划定了苑的范围。先秦两汉时期的“苑囿”以生产物质资料为主，兼有游览、娱乐的功能；后来，苑囿的性质发生了转变，由以生产物质资料为主转变成以游赏娱乐为主。这一时期的苑囿建设奠定了中国古典园林“源于自然”的基础。

商代以前，由于社会物质生产力较为低下，皇家为满足自身的生活需求，圈地画囿，在其中植林木，养禽兽；同时，筑台也是苑囿最初的主要形式之一，主要满足当时人们的祭祀、求神等需求。由此，苑囿产生，此时的苑囿，只是略加修饰，管理粗放，较少改变自然形式。由于苑囿面积较大（图 1-4-11），帝王可在其中狩猎娱乐，当然这只是苑囿的次要功能。

到了春秋战国时期，苑囿的生产、狩猎功能逐渐减弱，游览、娱乐的成分逐步增加。王侯们在园中建亭筑台，泛舟水上，苑囿的景观成分不断增多。秦汉时期作为中国的大一统时期，出现了中国古典园林建设的第一个高潮，此时的园林形式，进入了人工挖池堆山、人为造景的阶段，初步形成了“一池三山”的园林模式，它的建设配合了帝王的日常生活，园林建筑散置在园林中。苑囿的规模较大，较为纯粹地模仿自然，构建真山真水的园林景观，为中国古典园林的发展奠定了基础。这时期的代表园林有阿房宫、建章宫、未央宫（图 1-4-12）、西苑（图 1-4-13）等。

（二）文人园林

魏晋南北朝时期中国文化大放异彩，中国古典园林建造也在此时产生了质的飞跃，由简单的模仿自然升华到“高于自然”，由写实园林向写意园林发展；这一时期的建筑也与自然山水相结合，形成了“建筑与自然相融合”的特点，这一时期是中国古典园林的转折期。

图 1-4-10　古代苑囿

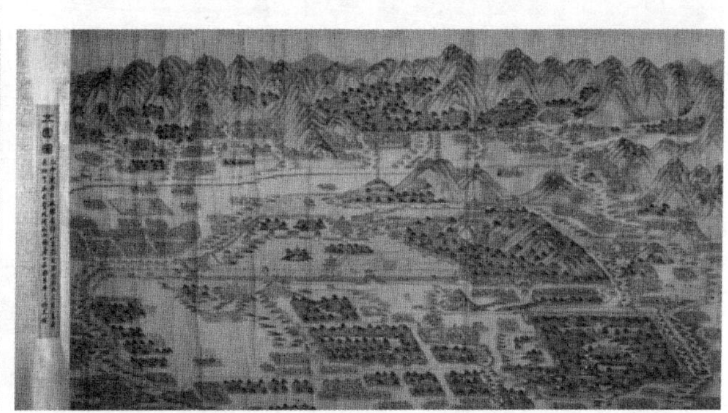
图 1-4-11　苑囿面积较大

图 1-4-12　未央宫

图 1-4-13　西苑

东汉末年，战争频繁，皇权虚弱，皇家园林的发展进入了停滞阶段；而私家园林却大放异彩，从属于私家园林的文人园林开始兴起。由于战乱，人们对现实充满了无奈和沮丧，更多的文人寄情于精神世界，抒怀咏志；佛教、道教、儒家等思想相互交融，此时是思想解放的一个时期；另外，私家园林面积不大，不可能真山真水地打造园林，因而对于有限范围内的园林塑造，中国古典园林于此飞跃，开启了新篇章。最具代表性的人物是东晋诗人陶渊明，他的山麓小园——田园居恬静淡雅，意在营造《桃花源记》中的祥和景象，同时，他以松菊为友，琴书作伴，是隐士的代表，他的园林也是隐士园林的代表。

隋唐园林继承了魏晋南北朝时期的造园艺术，并将中国古典园林推向了全盛时期。在这个大一统的时代中，中国古典园林诗画的情趣逐步形成。盛唐诗人王维的“辋川别业”就是典型的代表，它极具自然之趣，诗意颇深，王维还特意创作了《辋川集》，用诗刻画他的山庄，《竹里馆》就是其中一首："独坐幽篁里，弹琴复长啸。深林人不知，明月来相照。"中唐诗人白居易为他的“庐山草堂”作《庐山草堂记》，描写了园林景观，同时也抒发了诗人的情感。其中“其四傍耳目杖屦可及者，春有锦绣谷花，夏有石门涧云，秋有虎溪月，冬有炉峰雪。阴晴显晦，昏旦含吐，千变万状，不可殚纪、覼缕而言，故云甲庐山者”使庐山草堂的四季景观尽在眼前。这时期的园林不仅充分展现了自然美，还使园林建造与诗画紧密地联系在一起，并带有一定的画意表达，将中国古典园林建造推向成熟。

宋朝使中国的艺术文化走向辉煌，中国古典园林以“寿山艮岳”为代表，标志着我国古典园林建设走向成熟，“意境的蕴含”这一特点也在此阶段形成。

明清时期是我国的又一个大一统时期，中国古典园林的建设发展也进入了顶峰时期。但是由于思想方面不够活跃，中国古典园林也由此走向后期，在这一阶段，我国古典园林没有进一步的发展，只是继承了宋朝以来的园林风格。该时期，不管是皇家园林、私家园林，还是寺观园林都有相当数量的营造，艺术手法高明，构筑十分华美。现存的古典园林中皇家园林的代表有北海（图 1-4-14）、中南海（图 1-4-15）、颐和园、承德避暑山庄（图 1-4-16）；私家园林的代表有北京的恭王府（图 1-4-17），苏州的拙政园（图 1-4-18）、留园（图 1-4-19）、网师园（图 1-4-20）、狮子林（图 1-4-21），扬州的个园（图 1-4-22），上海的豫园（图 1-4-23），无锡的寄畅园（图 1-4-24) 等。我们可以从这些园林中汲取营养，也有责任把中国古典园林的造园手法继承并传递下去。

图 1-4-14　北海

图 1-4-15　中南海

图 1-4-16　承德避暑山庄
图 1-4-17　恭王府
图 1-4-18　拙政园

图 1-4-19　留园

图 1-4-20　网师园

图 1-4-21　狮子林

图 1-4-22　个园

图 1-4-23　豫园

图 1-4-24 寄畅园

1. 空间论

中国古代的思维始终以联系的方式看待问题，从不提倡孤立地解决问题。规划、建造园林都会对整体进行把控，北京城的建设、瘦西湖的景观营造就很好地诠释了这一观点。那么，在园林方面，如何把控好整体的建设呢？首先，园林在选址时就已对整体进行了把控，没有一个园林的建设是不配合整体布局的，就算在某一地块内没有统一的规划，人们在选址的时候也会自觉地照顾好周围，把控好整体。这种修养是我们现在所欠缺的。另外，在造园时，中国古典园林主张采用借景、框景（图 1-4-25）、障景（图 1-4-26）等方式，这些方式能够巧妙地扩大景深，突破有限的空间，将外部景观引进自家园林内，或是在自家园林中营造出更多令人遐想的虚空间。

图 1-4-25 框景
图 1-4-26 障景

2. 情景论

中国古典造园理论中的“情景论”是托物言志、寓情于景的表现手法。人们现实的感受，开心也好，无奈也罢，常常会体现在园林中，王国维在《人间词话》里表述的“一切景语皆情语”就是对这一观念的阐述。“拙政”意为“拙者之为政”，故拙政园表达了园主人洁身自好的风采；恭亲王府的“独乐峰”，于和珅和奕䜣这两位官场中人而言，或许更多表达的是一种无奈和隐忍，而非洒脱；中国古典园林中的对联、名字、题字等所表达的大都是当事人的某种情感。而且，对于同一种景观，不同的人在不一样的时间，所感受到的情感也是不一样的。这就是园林中“景中情”“景中人”以及“情中景”“人中景”的情景论所表达的精神境界（图 1-4-27）。

图 1-4-27 “景中情”“景中人”以及“情中景”“人中景”的情景论所表达的精神境界

景观的创作离不开人的思想表达。景观是一种物质，当它在表达一定情感、一定思想的时候，就有了生机，也才会让人们恋恋不舍，否则景观就会僵化，最终消失在人们的视线之中。从这一层面来讲，景观需要表达一种精神，给人以精神上的寄托与感受，这是中国古典园林给我们留下的财富，而我们却不知什么时候丢掉了。在学习国外景观设计中的感知情景后，再转身回望中国古典园林设计，结果也只能是无奈一笑。

3. 意境论

中国古典园林四大主要特点中，“意境的蕴含”是最晚形成的，它使中国古典园林得到最后的升华。叠山理水的设计，咫尺山林的意境，凝缩空间，凝缩自然，不是自然而胜似自然。中国古典园林中婆娑的树影及多姿的水石，都散发出独特的魅力，让身处其中的人尘虑顿消，怡然自若，给人以无限的正能量。

4. 生态论

中国古代的风水学和现代的生态学有一定的关联，建园要选址，选址要“相地”，相地非常讲究对地形和周边环境的把控，强调因地制宜，最大限度地利用原有地形并合理地进行改造。从中国古典园林植物的配置来看，植物一般都是自然生长的，设计不会人为地对植物的生长进行干涉，园林里大都种植乔灌木和多年生花卉，很少出现由绿篱和一二年生花卉营造的景观。从这点来看，中国古典园林对自然的追求程度很高，追求植物的自然生长状态，并会预留植物的生长空间，很好地处理林下空间，这是我们现在做景观设计应该好好借鉴的地方（图 1-4-28）。

图 1-4-28 中国古典园林意境

5. 整体论

中国传统造园在“可居”“可观”和“可游”三方面都做得淋漓尽致。“可居”强调了适宜的人居环境；“可观”是对视觉审美和艺术的追求，包括物质层面和精神层面；“可游”体现了居住环境空间游憩活动的需求。这些基本的功能定位与现代景观设计的功能表现基本一致，都是为了创造良好的人居环境，保护生态，满足人们的功能需求和精神享受（图 1-4-29）。

图 1-4-29 中国古典园林对自然的追求

第五节　国外景观设计对中国的影响

一、景观设计思潮对中国现代景观设计的影响

景观设计是一门实用性很强的学科，它要求艺术与技术相互统一，现代景观从国外设计思潮中汲取丰富的养分。每一种艺术思潮都会给景观设计带来巨大的影响，每一种艺术形式都可以成为景观设计的设计语言。现代艺术中，从早期的立体主义、构成主义到后来的后现代主义和解构主义等，都给当今的景观设计提供了充足的养分，使我国现代景观设计飞速发展。

现代景观设计的最大特点是形式多变，风格多样，不拘泥于某一点，自由开放，甚至可以夸张，这对设计师的想象力和创造力来说是一种挑战。组成景观的单元也由先前的点、线、面扩展成体、材料、色彩等。

（一）立体主义和超现实主义

20 世纪初，立体主义和超现实主义绘画兴起。以毕加索为代表的立体派画家的绘画作品中出现了多变的几何形体，他们在二维绘画中展现了三维甚至是四维的效果，抽象且深刻。20 世纪 30 年代，超现实主义绘画作品大量出现，各种有机形体的出现带给设计更多的设计语言，如卵形、阿米巴曲线、飞镖形等。20 世纪 40 年代，在立体主义和超现实主义的绘画艺术（图 1-5-1）影响下，美国景观设计师托马斯·丘奇将这些绘画语言转换成设计语言，并运用到了现代景观设计中。立体主义和超现实主义给我国的现代景观设计也带来了很大的影响。北京中关村生命科学广场的设计，把生命的结构规律转化为景观设

图 1-5-1　立体主义和超现实主义绘画艺术

计的符号语言，将铺装、水景、植物、景观小品、景观建筑物等有机地结合在一起。让我们看到了立体主义和超现实主义的符号语言。

（二）极简主义

20 世纪 60 年代，西方艺术不断涌现出新的思潮，这其中对景观设计影响较大的是极简主义和大地艺术。

极简主义的基本语言是简洁的几何形体，极简主义的艺术作品大多运用几何和有机形式，应用新型材料，工业色彩浓厚。追求极简主义景观设计的代表人物是彼得·沃克（图 1-5-2），他是美国著名的景观设计师，其设计讲究几何和秩序，常把简单的几何图形重复使用来组织景观。

20 世纪后半叶，大地艺术对景观设计影响巨大。大地艺术极为抽象，它把简单的造型艺术与设计中的过程艺术、概念艺术相互融合在一起。大地艺术中，艺术家常将土地、岩石、水、树木等自然元素，通过自然力创造，再融合其他材料塑造成景观。地形设计的艺术化是景观设计的一个重要特点。

在现代设计中，许多设计元素已经超越了自身功能成为了概念的载体，意义和内容的符号，现代设计则把作品的元素转换成展现设计观念和体现美学价值的符号。通过设计艺术，功能性设施可以艺术化，反过来，艺术化的作品也能够功能化。通过对作品进行造型设计，能够使软质材料在感官上硬化，同样，也能够将硬质物体软化。优秀的设计师，即使只应用简单的元素也能够发挥出他的想象力，简单的几何图形通过他们的设计可以千变万化。

图 1-5-2　彼得·沃克

二、现代主义设计的萌起

现代主义 (Modernism) 的英文主要来源于“Modern”一词，Modern 有“近代”“现代”“新式”“时髦”的意思，概念比较复杂。从广义上看，现代主义席卷了意识形态的各个方面。在意识形态上，它具有民主性、革命性、个人性、形式主义性等。因此，从意识形态上看，现代主义是对传统意识形态的革命，它所包含的范围广泛，涉及哲学、美学、文学、音乐等，并有着独特的内容和观念。

现代主义可追溯到 19 世纪 80 年代印象派画家们提出的“绘画不做自然的仆从”“艺术语言自身的独立价值”“为艺术而艺术”等概念，这些都是现代主义体系的理论基础。代表人物有格罗皮乌斯、勒·柯布西耶、密斯·范德罗等。

三、后现代主义与景观设计

20 世纪 60 年代起，西方资本主义社会经济的发展进入了新的阶段，此时，文化领域方面也出现了转机。20 世纪 50 年代出现的波普艺术到 60 年代时已影响到了设计领域。与此同时，社会现代化的进程中出现了环境污染、高犯罪率、人口剧增等问题，人们对现代文明产生了怀疑。现代主义经过了三四十年的发展，已不再新颖。人们也希望意识形态方面有新的变化，因此，人们开始感怀过去，强调历史和传统文化的价值。

在几种因素的共同作用下，后现代主义时代来临了。作为后现代建筑理论奠基人的美国建筑师文丘里，他在 1966 年出版的《建筑的复杂性与矛盾性》一书成为了后现代主义的宣言。文丘里在书中阐明了自身的观点：建筑设计要把功能、技术、艺术、环境以及社会问题综合起来考虑，所以建筑设计充满了矛盾性和复杂性。同时，书中还批判了所谓的国际式建筑，1977 年文丘里出版了《后现代主义建筑语言》一书，这本书对于后现代主义具有总结性的意义。整个 20 世纪 70 年代，后现代主义在建筑设计领域上的地位都十分突出，并影响了景观设计。

四、解构主义与景观设计

法国哲学家德里达于 1967 年前后最早提出了“解构主义”。到 20 世纪 80 年代，解构主义成为了西方的热门话题。1988 年，建筑师飞利浦·约翰逊组织的建筑作品展，进一步推动了这一思潮的发展。

解构主义向古典主义、现代主义和后现代主义发起了挑战，它推倒了对设计有所限定的规律，不提倡和谐统一，反对建筑与功能、结构的联系，认为建筑可以不考虑环境和文化，提倡分解和不完整。解构主义的特点让人们产生了一种不安感（图 1-5-3）。

图 1-5-3 解构主义建筑

五、国外古典景观的发展历程

（一）古埃及、古西亚的景观设计

古埃及孕育了灿烂的文明，金字塔是古埃及文明的代表。至今人们仍然没有完全破解吉萨金字塔群（图 1-5-4）的谜团，而且它还带给了我们更多的惊讶。胡夫金字塔底面正方形的纵平分线，若把它无限延长，则为地球的子午线；胡夫金字塔底面的周长除以金字塔高度的两倍，是 3.14，这个数字正好符合圆周率；从胡夫金字塔的结构和吉萨金字塔群的布局，我们能够了解到古埃及人对神明的虔诚与崇拜。古埃及的景观可以追溯到尼罗河，尼罗河每年定期泛滥，不仅给埃及人带来了水源，还带来了埃塞俄比亚高原肥沃的土壤，这使尼罗河沿岸有了一条天然的绿带。古埃及人在尼罗河泛滥时在两岸种植作物，并将作物划分成不同的几何形状，以减慢河水退去的速度，延长农作时间。这种农作物的几何形式布局，直接影响了古埃及的园林设计。古埃及是沙漠国家，基本上不会出现向自然模仿的大自然景观，所以尼罗河两岸生产农作物时的几何式布局就成了古埃及人造园的参照。这种几何式的园林布局对后世有着很深的影响。

图 1-5-4　吉萨金字塔群

古西亚文明发源于两河流域的美索不达米亚平原，曾经的巴比伦王国和亚述帝国都在这片土地上存在过，虽然这段历史已深埋在土壤之下。从景观设计方面来说，两河流域的植物种类要比埃及丰富得多，这里有成片的松柏，亚述帝国时代人们还能在自然林区里狩猎，同时，亚述帝国时，人们还从其他地方引进了雪松、南洋杉等物种。著名的空中花园也出现在两河流域的古西亚时期，空中花园的出现反映了当时高超的种植技术水平。

（二）古希腊、古罗马的景观设计

古希腊孕育了科学与哲学，是欧洲文明的发源地，其文化艺术对西方文明乃至整个世界都有着深远的影响。古希腊是城邦国家，这是民主制度产生的根本原因，受民主思想的影响，古希腊人没有太多的束缚，思维比较活跃，因此现代哲学起源于古希腊，就很容易理解了。

古希腊的民主制度也影响了景观设计，公共景观在古希腊得到发展。雅典卫城是古希腊著名的建筑之一，它是雅典城的宗教圣地。任何国家的宗教都是具有民众性的，民众去宗教圣地朝拜，宗教圣地本身也就带有了公共场所的性质，因而这里的景观也必然属于公共景观。雅典卫城的建造因山就势，建造时充分考虑了祭祀的流程路线，并沿路设计了景观，人们在路上行走时，会观赏到四周的景观。圣林也是古希腊典型的公共场所，它是古希腊人祭祀和祭祀时休息、集会的场所，圣林中有雕塑和用于休息的地方，有良好的景观环境，不仅烘托着神圣的气氛，也营造出适宜的公共氛围。古希腊竞技场（图 1-5-5）则是另一类公共建筑景观，也是欧洲体育公园的前身。

古罗马时期出现了很多具有代表性的景观。古罗马斗兽场（图 1-5-6）就是其中之一，它外观类似大碉堡，墙高 57 m，周长 527 m，直径 188 m，可容纳 10.7 万人，外墙共 4 层，这种布局模式与今天足球场地的布局大体相同。古罗马斗兽场的建筑艺术是世界的瑰宝。古罗马庄园也是很具有代表性的景观，设计有水景、雕塑等，庄园很大，可供贵族生活、娱乐。古罗马的广场也从简单的开放空间过渡到围合空间，具有代表性的广场有凯撒广场、奥古斯都广场和真拉图广场。真拉图广场的设计师运用明显的中轴线设计，把不同层次的景观空间组织在一起，广场上的记功柱和骑马铜像使广场主题更加鲜明。

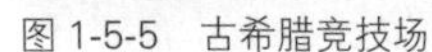
图 1-5-5　古希腊竞技场

图 1-5-6　古罗马斗兽场

（三）中世纪欧洲的景观设计和文艺复兴时期的景观设计

中世纪历时约 1000 年，这期间，宗教盛行，甚至猖獗，教会主张禁欲主义，禁锢了人们的思想。1000 年虽然漫长，但在城市建设方面还是很有成就的。城市绿地和城市公园得到了进一步发展，为人们提供了良好的户外活动空间。更值得一提的是，城市街道有了发展，中世纪的城市街道呈弯曲形走向，像河流一样自然流畅，这种街道布局产生的空间能够影响人们的心理。弯曲的道路能够从视觉上缩短道路的长度，不会显得路窄，不会使人感到压抑，同时，这种弯曲道路的设计也会达到步移景异的效果。

文艺复兴运动是一场发生在公元 14 世纪至公元 16 世纪的欧洲思想文化运动，这一时期的主题是思想解放，人们逐渐摆脱了宗教的束缚，开始追求自由，尊重人性，整个欧洲生机勃勃。在这种大背景下，景观设计也向前跨出了自己的一步。意大利台地园的设计影响了整个欧洲的景观设计，台地园有明显的中轴线，贯穿全园，利用地势营造出透视感极强的景观，水池、跌水、喷泉、坡道、台阶、雕塑都是台地园里的景观元素；造型绿篱结合中轴线的布局，视线引导力极强（图 1-5-7）。

圣马可广场（图 1-5-8）是文艺复兴时期建筑的代表，也是威尼斯的代表建筑。其建筑的长度与高度、广场的长度与宽度的比例，以及广场空间对人们心理的影响等，在设计时都有精细的推敲，至今圣马可广场仍是设计领域的经典案例。

图 1-5-7 意大利台地园设计

图 1-5-8 圣马可广场

（四）17 世纪法国景观设计

17 世纪法国的景观设计受到了意大利台地园的影响，在结合自身平原地势的基础上，设计师勒·诺特创造出了属于他的经典，孚勒维贡府邸花园和凡尔赛宫都是他的代表作，其中以凡尔赛宫成就最高，凡尔赛宫是路易十四的庭院。在这个设计中，最醒目的便是十字运河，设计以此作为轴线组织景观，从凡尔赛宫里向外望，庭院一览无余，这种设计渲染出了帝王的权威，可以想象凡尔赛宫的主人在俯视凡尔赛宫庭院时，一切皆在脚下的气势。

勒·诺特式景观园林的特点（图 1-5-9）：

地形地貌：平原地区，景观呈铺展式延伸，布局严谨，层次分明。

景观轴线：轴线也是景观，轴线的运用让整个景观统一在一起。景观轴线多是水景、林荫路，建筑位于景观中轴线上。水景设计均为几何形，驳岸整齐。

图 1-5-9　勒・诺特式景观园林

植物景观：园内常用主题式花坛布局；植物常被修剪成几何体或模拟动物形体，例如，绿柱、绿塔、绿门等；树木配置以整列和对称式为主。

景观细节：盆树、盆花、雕像、瓶饰为园内常见的景观细节，雕像的基座为规则式。

（五）18 世纪英国自然风景园

18 世纪英国自然风景园的出现使欧洲的景观设计焕然一新，不再局限于规则式的景观布局。这一时期的代表人物是威廉姆・肯特，他和伯灵顿伯爵设计建造的切斯维特住宅庭院景观，大量运用了自然式的景观布局手法：自由弯曲的道路，蜿蜒的流水，大量的植物、花卉，亲切自然的花镜布置，避免人工雕琢的树木……一切都追求植物的自然生长状态。这一时期的另一个代表作品是斯托海德景观园林。

（六）美国现代景观设计

美国的现代景观发展一直引领着世界，19 世纪中叶，美国兴起了大规模的城市公园建造热潮，这一时期的代表人物是唐宁，他注重城市空间的开放性，负责规划了华盛顿公园的景观。这是美国第一个大型的公园设计，之后，各地效仿，开启了城市公园设计的序幕。

美国景观设计的另一位杰出的代表人物是奥姆斯特德，他被誉为“现代景观设计之父”，与沃克合作设计了纽约中央公园，并负责具体修建。至今，纽约中央公园仍被人称道，视作经典。

（七）日本枯山水庭院的景观特征

枯山水庭院是独具日本特色的寺观庭院，这种庭院景观模式来源于禅宗思想，有助于僧人参佛法、悟佛道，以达到修行的目的。枯山水庭院主要营造的是日本的“海岛景观”，是源于自然而高于自然的庭院设计，这种景观模式精致、静谧、深邃，景观十分凝练。

所谓的“枯山水”可以理解为几乎什么都没有的山水庭院，它以白砂象征海水，以山石寓意山峦，以青苔代表植物。其中，白砂被耙出曲线的形状，代表海浪，僧人对耙砂十分讲究，也许在禅宗修行人的眼里，白砂拥有更深一层的含义。枯山水庭院不可游、不可居、只可观，而所观赏的景观没有真山真水、没有开花的植物，但却蕴含着很深的哲学道理（图 1-5-10）。

图 1-5-10　枯山水庭院

第六节　国内外著名景观设计师及其作品

一、国内知名景观设计师

（一）俞孔坚

1. 基本信息

哈佛大学设计学博士，长江学者特聘教授，国家千人计划专家，北京大学建筑与景观设计学院院长，博士生导师；美国哈佛大学景观设计与城市规划兼职教授；北京土人景观与建筑规划设计研究院首席设计师；美国景观设计师协会会士。

2. 卓越成就

俞孔坚的城市和景观设计作品遍布国内外，曾九度获得美国景观设计师协会颁发的荣誉设计和规划奖，五次获得中国人居环境范例奖，两次获得全球最佳景观奖，两次获得国际青年建筑师优秀奖，三次获得世界滨水设计杰出奖，并获 2008 年世界建筑奖、2009 年

ULI 全球杰出奖、中国第十届美展金奖等。其获奖作品以现代性和鲜明的中国特色，以生态和人文的精神，蜚声国际；他把城市与景观设计作为“生存的艺术”，倡导白话景观、“反规划”理论、大脚革命和大脚美学，以及“天—地—人—神”和谐的设计理念。

3. 设计作品及获奖经历（部分）

· 2012 年主持设计“哈尔滨群力国家城市湿地公园”，荣获 ASLA 专业组“综合设计类杰出奖”；

· 2010 年主持设计上海世博后滩公园，获 2010 世界最佳景观奖，世界建筑节；

· 2010 年主持设计上海世博后滩公园，获美国景观设计师协会颁发的设计杰出奖；

· 2009 年主持设计的中山岐江公园获 ULI 全球杰出奖，城市土地研究会；

· 2006 年主持的飘浮的花园——黄岩永宁公园，获美国景观设计师协会颁发的设计荣誉奖；

· 2005 年主持的黄岩永宁公园，获中国建设部颁发的“中国人居环境范例奖”；

· 2004 年主持中关村生命科学园，获第十届首都规划建筑设计汇报展“城市环境优秀设计方案奖”。

（二）刘滨谊

1. 基本信息

1993 年—1994 年在美国完成景观环境规划博士后研究；1989 年获景观规划设计学博士（中国第一位风景园林 / 景观学专业博士）；1986 年毕业于同济大学建筑与城市规划学院，获建筑学硕士学位。

现为同济大学建筑与城市规划学院景观学系主任、教授、博导；同济大学风景科学研究所所长；国际景观生态学会理事；美国景观规划设计学会终身荣誉会员（唯一华人）。

2. 卓越成就

刘滨谊率先开展了景观规划设计学学科领域的理论研究与高技术应用、专业教育以及工程实践，创立了风景景观工程体系，发表了《风景景观工程体系化》《图解人类景观——环境塑造史论》《现代景观规划设计》等专著。

3. 设计作品及获奖经历（部分）

· 获“霍英东青年教师研究奖”和国家教委“跨世纪优秀人才培养计划”基金；

· 设计了国家风景名胜区 / 世界遗产地 / 旅游度假区 / 国家森林公园 / 国家湿地公园规划 / 大型城郊公园（共 36 项），例如：

（1）2001 年 南京玄武湖景观旅游区总体策划规划（10km）；

（2）2002 年 鼓浪屿——万石山国家重点风景名胜区总体规划修编（245.74km）；

（3）2005 年—2006 年 涂山风景名胜区核心区旅游项目策划与控制性详细规划

（16km/400ha）；

（4）2011 年—2012 年 洛阳龙门石窟世界文化遗产园区战略发展规划与景区详细规划设计（32 km）。

（三）陈跃中

1. 基本信息

1990 年毕业于马萨诸塞州立大学，获环境景观专业硕士及城市规划专业硕士学位 (M.L.A)；1984 年毕业于重庆建工学院城市规划专业，获学士学位。

2. 卓越成就

1993 年，陈跃中先生应邀加盟世界知名的环境景观规划设计事务所——EDSA。在 EDSA，他主持了许多国际大型项目，凸显了他在景观规划设计方面的过人才能和敏锐感觉。

· 易地

2000 年，陈跃中毅然回国创建 EDSA（亚洲），提出“大景观”的设计理念，主张从项目总体布局入手，按照生态和景观的原则布局建筑和道路，这不仅从规划设计的层面上矫正了长久以来中国城市建设的短视、盲目的弊病，同时其前瞻性、全局性的理念也为城市经济、文化、生态的可持续发展奠定了优越的环境基础。

· 易兰

带领 EDSA(亚洲) 的骨干成立的全新的景观规划设计公司，陈跃中为其起名“ECO LAND”，中文名字为“易兰”。其中 ECO 的意思为 ecology（生态学），陈跃中的解释是，新的公司将更为强调尊重自然、尊重生态的规划理念，避免过于商业化的做法。

3. 设计作品及获奖经历（部分）

· 亚特兰提斯一期 / 二期，位于天堂岛，巴哈马地区。获美国旅游发展协会 3 个金奖、3 个银奖；

· 大鳄鱼岛的丽兹酒店，获美国旅游发展协会颁发的金奖及银奖；

· SAN JUAN 大饭店和游乐场，获美国环境景观协会和国家景观协会颁发的多项奖项；

· 北京朗琴园，在 2002 年获得“全国优秀社区环境精品展示活动”的金奖；

· 成都博瑞都市花园，占地约 13 公顷，此项目的环境景观设计在 2002 年获得“全国优秀社区环境精品展示活动”的金奖。

（四）王向荣

1. 基本信息

北京林业大学园林学院教授、博士生导师，中国风景园林学会副理事长，《中国园林》学刊副主编。

1991 年—1995 年留学德国卡塞尔大学城市与景观规划系，获博士学位，并工作于卡塞尔城市景观事务所；1996年开始在北京林业大学园林学院任教，主要研究景观规划设计，包括风景区规划、城市景观设计、公园设计、公司园区设计、居住区环境设计和园林建筑设计。

2000年9月创办了北京多义景观规划设计研究中心，从事景观规划设计理论研究与设计实践。2003年获“全国留学回国人员先进个人”称号。

（五）庞伟

1. 基本信息

广州土人景观顾问有限公司总经理兼首席设计师；北京土人景观与建筑规划设计研究院副院长；北京大学景观设计研究院客座研究员；广州美术学院设计学院客座教授；《景观设计》杂志学术主编。

2. 卓越成就

庞伟先生出版了多部作品，包括《足下文化与野草之美——产业用地再生设计探索，岐江公园案例》《景观・观点》，以及诗集《磁石制鱼》。

庞伟先生参与了多次学术活动，并发挥了积极作用，其中包括：

・2008年日本东京“中日景观设计交流年”景观设计论坛《生态伦理与新景观实践》发表主题演讲；

・2012年担任文化部首届“中国设计大展”空间板块策展人和初审评委；

3. 获奖经历（部分）

・2002年荣获美国景观设计师协会（ASLA）2002年度最高奖项——荣誉设计奖；

・2004年荣获第十届全国美术作品展览环境艺术类金奖及中国现代优秀民族建筑综合金奖；

・2009年荣获国际城市土地学会亚太区杰出荣誉大奖；

・2010年作品“美的总部大楼”景观设计入选第六届欧洲景观双年展；

（六）朱育帆

1. 基本信息

1997年毕业于北京林业大学风景园林规划与设计专业，获工学博士学位；1998年进入清华大学建筑学院博士后流动站工作；2000年起在清华大学建筑学院景观园林研究所任教；《中国园林》编委会委员。

2. 卓越成绩

朱育帆先生的研究方向是中西方园林史、风景园林设计理论、城市公共空间设计原理等，并开设了西方现代景观园林概论、西方古典园林史、城市设计等课程。

3. 设计作品（部分）

·2003 年北京奥林匹克公园景观设计国际竞赛 A02 方案（主要设计人）；

·2000 年 曲阜孔子研究院外环境设计；

·2002 年 清华大学核能技术研究院中心区景观改造。

二、国外知名景观设计师

（一）奥姆斯特德

1. 基本信息

1822 年出生于美国康涅狄格州，奥姆斯特德被普遍认为是美国景观设计学的奠基人，是美国最重要的公园设计者。

2. 卓越成就

奥姆斯特德的景观设计理念受英国田园与乡村风景的影响甚深，英国风景式花园的两大要素——田园牧歌风格和优美如画风格——都为他所用，前者成为他公园设计的基本模式，后者是他用来增强大自然神秘与魅力的手段。

他的设计理论被总结为奥姆斯特德原则，具体如下：

（1）保护自然景观，某些情况下，自然景观需要加以恢复或进一步加以强调（因地制宜，尊重现状）。

（2）除了在非常有限的范围内，尽可能避免规则式（自然式规则）。

（3）保持公园中心区的草坪或草地。

（4）选用当地的乔灌木。

（5）大路和小路的规划应成流畅的弯曲线，所有的道路成循环系统；

（6）全园靠主要道路划分不同区域。

3. 设计作品（部分）

·纽约中央公园（1858 年）

纽约中央公园南起 59 街，北抵 110 街，东西两侧被著名的第五大道和中央公园西大道围合起来，坐落在纽约曼哈顿岛的中央。340 公顷的宏大面积使它与自由女神、帝国大厦等同为纽约乃至美国的象征。

·风景保护区

（1）主要的城市公园。中央公园（1858 年）、布鲁克林的展望公园 （1866）、布法罗的特拉华公园（1869）。

（2）住宅社区。伊利诺斯河滨（1869）、马里兰州萨德布鲁克（Sudbrook)（1889）、亚特兰大州德鲁伊山（Druid Hills)（1893 年）。

（3）学生住宿区。斯坦福大学（1886）、劳伦斯维尔学院（Lawrenceville School)（1884）。

（4）政府建筑。美国国会大厦的庭院及露台（1874）、康涅狄格州政府大楼（1878）。

（5）乡间庄园。北卡罗来纳州阿什维尔的比尔特摩庄园、马萨诸塞州贝弗莉的莫雷纳农场（Moraine Farm）。

（二）彼得·沃克

1. 基本信息

1932年出生，哈佛大学设计系主任，美国景观设计师协会（ASLA）理事，美国注册景观设计师协会（CLARB）认证景观设计师，美国城市设计学院成员。

2. 卓越成绩

彼得·沃克就是“极简主义”园林设计的代表人物之一，同时也是SWA集团的创始人，是美国最具影响力的园林设计师之一。

3. 设计作品

·哈佛大学泰纳喷泉；

·波奈特公园；

·IBM公司净湖；

·柏林索尼中心；

·美国德克萨斯州达拉斯城纳什尔基金会雕塑中心。

（三）枡野俊明

1. 基本信息

日本禅僧大师和日本古刹建功寺第18代主持；1979年以僧人身分云游至大本山总持寺修行，为他后期的设计生涯奠定了思想基础——禅宗美学和日本传统文化；1985年继承父业成为一名禅僧。

2. 卓越成就

作为日本当代景观设计界最杰出的设计师之一，枡野俊明先生的作品继承和展现了日本传统园林艺术的精髓，准确地把握了日本传统庭园的文脉。他的作品总是能够给人以自然、清新的气息，充满了浓厚的禅意，体现了一种淡定、沉静的修为，方寸之间、意犹未尽。有着三十多年景观设计经验的枡野大师，每年只限量设计2～3个项目。

3. 设计作品

·曲町会馆“清山绿水的庭”；

·今冶国际饭店中庭“瀑松庭”；

·科学技术厅金属材料技术研究所中庭“风磨白练的庭”；

·香川县立图书馆；

·曹洞宗祇园寺紫云台前庭“龙门庭”等。

（四）伊安·麦克哈格

1. 基本信息

园林设计师、规划师和教育家，1920 年出生于苏格兰克莱德班克，1939 年到 1946 在英国军队里服役，并被授予上校军衔。

2. 卓越成就

第二次世界大战后，环境与生态系统遭到严重破坏，麦克哈格于 1969 年首先扛起了生态规划的大旗，他的《设计结合自然》（*Design with Nature*）（1969）建立了当时景观规划的准则。麦克哈格一反以往土地和城市规划中功能分区的做法，强调土地利用规划应遵从固有的价值和自然过程，即土地的适宜性，并因此完善了以因子分层分析和地图叠加技术为核心的规划方法论，被称为“千层饼模式”，从而将景观规划设计提高到一个科学的高度，成为本世纪规划史上一次最重要的革命。

由于他出色的设计和对园林事业的巨大贡献，他一生中获得了无数的荣誉，包括 1990 年由乔治·布什总统颁发的全美艺术奖章和享有盛誉的日本城市设计奖。

麦克哈格的主要著作有出版于 1969 年的《设计结合自然》，1996 年出版的《生命的追求》，同时他也是 1998 年出版的《拯救地球》一书的主要作者。

（五）玛莎·舒瓦茨

1. 基本信息

1950 年出生，美国景观设计师。毕业于密歇根大学，获得纯艺术学士和景观设计硕士学位，曾在哈佛设计研究院学习。

2. 卓越成就

作为一个有着超过三十年经验的景观设计师和艺术家，虽然她的作品没有得到艺术界的承认，但她却获得了许多设计界高度认可的奖项和荣誉，包括 2006 年的美国库柏·休伊特国家建筑设计奖 (The Cooper-Hewitt National Design Award），以及美国景观设计协会（ASLA）颁发的多项大奖，她曾经是罗马美国学院（American Academy in Rome）的会员，还被哈佛大学拉德克利夫学院聘为客座艺术家 。

（六）佐佐木英夫

1. 基本信息

日裔美国人，全球最负盛名的景观建筑、城市设计和规划事务所 SWA 集团创始人，美国著名景观设计事务所 Sasaki 事务所创始人， 1948 年毕业于哈佛大学设计研究生院景观建筑系。1953 年回到母校执教，同年，佐佐木选择了距哈佛大学不远的沃特镇(Watertown)

建立了自己的景观建筑设计事务所。

2. 卓越成就

佐佐木认为为展示工业技术而采用巨大尺度的建筑也许表达了一种前所未见的空间，然而要使用并理解这些建筑的是人类；建筑不能缺乏与环境的联系，一旦理解了环境，人们可以更谦逊、更勇敢无畏地进行创作。

在担任景观建筑学系主任期间，佐佐一方面为系里学生提供兼职机会和资金支持，另一方面，他说服了工作繁忙的建筑师和新兴领域，如航空照片判读和计算机应用等方面的专家来做短期讲学。

1989 年，佐佐木退出事务所的运作，并完全脱离公司，Sasaki 则成为公司的象征，纪念着佐佐木对公司的开创性功绩。

从景观设计领域拓展到城市设计，佐佐木不遗余力地推动景观设计与城市设计的结合，并在该领域产生了相当大的影响。

第二章
景观设计的规范与准则

课程概述：本章主要对景观设计中常见的专业术语进行解析，对可能涉及的相关规范及法规文件内容进行介绍。

学习目标：了解景观规划设计的专业名词含义、相关法规、标准及一些政策性文件，分析这些法规与标准在实践中执行的可能性与必要性，以便在设计实践中自觉地贯彻这些法规和标准。

学习重点：相关规范及标准在道路设计、绿化设计及景观设施设计中的具体要求。

学习难点：如何在具体的设计中对相关规范进行应用。

第一节　专业术语解析

（1）安全视距：指行车司机发觉对面来车时立即刹车，而恰好能停车的距离。为保证行车安全，道路交叉口、转弯处必须空出一定的距离，使司机在这段距离内能看到对面或侧方来往的车辆，并有一定的刹车和停车的时间，防止发生交通事故。根据两条相交道路的两个最短视距，在交叉口平面图上绘出的三角形，叫“视距三角形”。

（2）标识栽植：当沿线景观、地形缺少变化，难以判断所经地点时，宜栽植有别于沿途植被的树木，行成明显标识，预告设施位置。

（3）驳岸（图 2-1-1）：在景观中水体、湖池、河流或溪涧等处，一面临水，一面为土坡，驳岸是保护园林水体岸边的工程设施，主要起到保护河岸、防止河岸崩塌或水流冲刷的作用。按照断面形式，园林驳岸可分为整形式和自然式两类；又可细分为砖砌驳岸、水泥驳岸、木桩驳岸等。

（4）草坪（图 2-1-2）：即平坦的草地。今多指园林中由人工铺植草皮或播种草籽形成的整片绿色地面。草坪应当具备三个条件，即人工种植或改造（非天然）、具有观赏效果（美学价值）和游人可以进入进行适度活动（承受踩踏）。

（5）城市绿地：以植被为主要存在形态，用于改善城市生态，保护环境，为居民提供游憩场所和美化城市的一种城市用地。

图 2-1-1 驳岸

图 2-1-2 云杉坪（玉龙雪山）

（6）垂直绿化（图 2-1-3）：在各类建筑物和构筑物的立面、屋顶、地下和上部空间进行多层次、多功能的绿化和美化，以改善局地气候和生态服务功能、拓展城市绿化空间、美化城市景观的生态建设活动。

（7）大地艺术：又称地景艺术，它是指艺术家以大自然作为创造媒体，把艺术与大自然有机结合创造出的一种富有艺术整体性情景的视觉化艺术形式。大地艺术（Land Art）是与景观设计（Landscape Architecture）关系最为密切的一个艺术流派，20 世纪 60 年代末在美国兴起。大地艺术是从极简主义分离出来的，为了表达对工业文明的不满，一群极简主义者转而向远古遗迹，比如金字塔、长城、巨石阵等学习，他们来到荒无人烟

图 2-1-3　垂直绿化（乐山）

的沙漠和海岛，创作体量巨大的作品。著名的大地艺术作品有《螺旋形防波堤》《飞奔的篱笆》《包裹岛屿》《闪电原野》等。大地艺术引发了人们对自然的思考，直接导致了后来的生态主义浪潮。大地艺术对景观设计也产生了很大的影响，野口勇、彼得·沃克、乔治·哈格里夫斯、林璎等都是杰出的大地艺术景观设计师。国内的中青年景观设计师也有一些大地艺术景观作品，比如俞孔坚的《沈阳建筑大学稻田校园》、朱育帆的《上海辰山植物园矿坑花园》等。就像杰里科所预言的，景观最终会超越建筑成为艺术之母。

（8）带状公园：沿城市道路、城墙、水系等，有一定游憩设施的狭长型绿地。

（9）挡土墙：在道路的陡坡及台地边缘、地形显著变化而土石方可能倒塌处修筑的各种墙体称为挡土墙。

（10）道路红线：指规划的城市道路（含居住区级道路）用地的边界线。规划主管部门确定的各类城市道路路幅（含居住区级道路）用地界线。

（11）等高距：指相邻两条等高线间的水平距离。

（12）等高线：指的是地形图上高程相等的相邻各点所连成的闭合曲线。在景观规划设计中，我们通常以某个参照水平面为依据，用等距的假想水平面切割地形，而后用所得交线的水平正投影来表示地形。

（13）等高线距离：相邻两条等高线，两者的垂直距离（即高差）称为等高距。

（14）地被植物（图 2-1-4）：地被植物是指那些株丛密集、低矮，经简单管理即可用来代替草坪，覆盖在地表、防止水土流失，能吸附尘土、净化空气、减弱噪声、消除污染，并具有一定观赏和经济价值的植物。它不仅包括多年生低矮草本植物，还有一些适应性较强的低矮、匍匐型的灌木和藤本植物。

（15）地质景观：指因地球内部应力（内力）作用形成的自然景观，即由地质构造、岩性、地层、古生物等一系列地质因素形成的自然景观。例如，黄山地质公园、五大连池地质公园等。

（16）动物园：在人工饲养条件下，移地保护野生动物，供观赏、普及科学知识、进行科学研究和动物繁育，并有良好设施的绿地。

动物园有两个基本特点：一是饲养管理着野生动物（非家禽、家畜、宠物等家养动物），二是向公众开放。符合这两个基本特点的场所即是广义上的动物园，包括水族馆、专类动物园等类型；狭义上的动物园指城市动物园和野生动物园。动物园的基本功能是对野生动物的综合保护和对公众的保护教育。

（17）对植（图 2-1-5）：两株树木在一定轴线关系下相对应的配植方式。

（18）防眩栽植：机动车快速行驶时，为防止由汽车反光镜、建筑玻璃所产生的眩光，用道路绿化起到防眩效果的植物的栽植形式。

（19）防灾绿地：具有防灾避险功能的绿化用地。包括减轻或防止火灾的发生与蔓延，有效减轻爆炸、滑坡、泥石流等灾害，以及在地震、火灾等重大灾害发生后作为群众紧急避险、疏散转移或临时安置的重要场所。

（20）舫（图 2-1-6）：供游玩宴饮、观赏风景的仿船造型的园林建筑。

（21）分车绿带：在车行的路面上设置的划分车辆运行路线的绿化带。位于上下行机动车道之间的为中间分车绿带；位于机动车道与非机动车道之间或同方向机动车道之间的为两侧分车绿带。分车绿带可以种植各种树

图 2-1-4　地被植物

图 2-1-5　对植（西双版纳 热带花卉园）

木花草，种植灌木时高度不要超过司机的视线高度，以保证行车安全。

（22）风景名胜区：指风景资源集中、环境优美、具有一定规模、知名度和游览条件，可供人们游览欣赏、休憩娱乐或进行科学文化活动的地域。

（23）高差：指两点间高程之差。

（24）高程：地面点到高度起算面的垂直距离。

（25）高视点景观：随着居住区密度的增加，住宅楼的层数也愈建愈多，居住者在很大程度上都处在由高点向下观景的位置，即形成高视点景观。这种设计不但要考虑地面景观序列沿水平方向展开，同时还要充分考虑垂直方向的景观序列和特有的视觉效果。

（26）公园（图 2-1-7）：是城市绿地的重要组成部分。狭义的公园指面积较大、绿化用地比例较高、设施较为完善、服务半径合理的城市绿化用地。

（27）孤赏树（图 2-1-8）：又称孤植树、标本树、赏形树或独植树，指为表现树木的形体美，可独立成为景观供人观赏的树种。常种植于庭院或公园中，具有独特的观赏价值。

图 2-1-6 舫

图 2-1-7 常州嬉戏谷公园

作为孤植树应主要表现树木的个体美，在选择树种时必须突出个体的观赏性，例如，体形特别巨大，轮廓富于变化，姿态优美，花繁实累，色彩鲜明，具有浓郁的芳香的个体等。

（28）孤植：树木单独栽植时称为孤植。

（29）古典园林（图 2-1-9）：古代园林和具有典型古代园林风格的园林作品统称为古典园林。

（30）古树名木：古树，指树龄在一百年以上的树木；名木，指国内外稀有的以及具有历史价值及纪念意义等的树木。古树名木分为一级和二级，树龄在 300 年以上，或特别稀有珍贵、具有重要历史价值和纪念意义、重要科研价值的古树名木为一级；其余为二级。

（31）灌木：矮小而丛生的木本植物，指那些没有明显的主干、呈丛生状态的树木，一般可分为观花、观果、观枝干等几类。

（32）过渡栽植：指在隧道洞口外两端光线明暗急剧变化段栽植高大乔木予以过渡的种植形式。

（33）旱喷：也称旱地喷泉、旱式喷泉，简称旱喷。它是指将喷泉设施放置在地下，喷头和灯光设置在网状盖板以下。在喷水时，喷出的水柱通过盖板或花岗岩等铺装孔喷出来，以达到既不占休闲空间又能观赏喷泉的效果。水池、喷头、灯光均隐藏在盖板下方，水柱通过盖板之间的小孔喷出，不喷水时表面整洁开阔。

图 2-1-8 孤赏树

图 2-1-9 丽江古城

（34）护栏：在景观设计中起维护、分隔不同使用空间的作用，常结合花池、装饰雕花进行设计。

（35）护坡：指的是为防止边坡受冲刷，在坡面上所做的各种铺砌和栽植的统称。

（36）花窗（图 2-1-10）：指建筑中窗的一种装饰和美化的形式，既具备实用功能，又带有装饰效果，花窗多见于古典建筑中，在现代建筑中也有广泛的应用，但多采用复古的风格，用以体现一定的文化底蕴。

（37）花卉：有广义和狭义两种意义。狭义的花卉是指有观赏价值的草本植物，如菊花、一串红、鸡冠花等；广义的花卉除有观赏价值的草本植物外，还包括草本或木本的地被植物、花灌木、开花乔木以及盆景等。

（38）花街（图 2-1-11）：指在中国园林里用小的彩色石头铺出的小径。

（39）花镜：城市绿化的主要应用形式，是指利用露地宿根花卉、球根花卉及一二年生花卉，以带状自然式栽植在树丛、绿篱、栏杆、绿地边缘、道路两旁及建筑物前。它是根据自然风景中野生花卉自然分散生长的规律，加以艺术提炼，而应用于园林景观中的一种植物造景方式。

（40）皇家园林：古代皇帝或皇室享用的，以游乐、狩猎、休闲为主，兼有治政、居住等功能的园林。

（41）基础栽植：凡在建筑物和构筑物的基部附近种植植物，都称为基础栽植。

（42）季相：植物在不同季节表现的外观。指植物在一年生长过程中，随气候更移而发生的周期性变化在外貌表征上所特有的形态表现，例如，萌芽、展叶、开花、结果、落叶、休眠等。

（43）夹景：远景在水平方向视界很宽，但其中又并非都很动人，为了突出理想景色，常将左右两侧以树丛、土山或建筑等加以屏障，于是形成了左右遮挡的狭长空间，这种手

图 2-1-10 花窗

图 2-1-11 花街

法叫夹景。夹景是运用轴线、透视线突出对景的手法之一，可增加园景的深远感。夹景是一种带有控制性的构景方式，它不但能表现特定的情趣和感染力（如肃穆、深远、向前、探求等），以强化设计构思意境、突出端景地位，而且能够诱导、组织、汇聚视线，使景视空间定向延伸，直到端景的高潮。

（44）假山：园林中以造景为目的，用土、石等材料构筑的山。

（45）假植：苗木不能及时栽植，将苗木根系用湿润土壤做临时性填埋的绿化工程措施。假植是苗木栽种或出圃前的一种临时保护性措施。掘取的苗木如不立即定植，则暂时将其集中成束栽植在无风害、冻害和积水的小块土地上，以免苗木失水枯萎，影响成活。需要假植的苗木最重要的一个步骤是要除去一部分枝叶，以减少水分蒸腾，延长植物寿命，提高成活率。

（46）建设用地面积：指项目用地红线范围内的土地面积，一般包括建筑区内的道路面积、绿地面积、建筑物所占面积、运动场地等。

（47）建筑密度：指在一定范围内，建筑物的基底面积总和与总用地面积的比例(%)。

（48）建筑面积：指建筑物各层外墙(或外柱)外围以内水平投影面积之和，包括阳台、挑廊、地下室、室外楼梯等，且具备有上盖，结构牢固，层高 2.20 m(含 2.20 m) 以上的永久性建筑。

（49）建筑容积率：一般情况下指某一基地范围内，地面以上各类建筑的建筑面积总和与基地面积的比值。

（50）交通岛绿地：可绿化的交通岛用地。交通岛绿地分为中心岛绿地、导向岛绿地和立体交叉绿岛。中心岛绿地指位于交叉路口上可以绿化的中心岛用地；导向岛绿地指位于交叉路口上可绿化的导向岛用地；立体交叉绿岛（图 2-1-12）指互通式立体交叉干道与匝道围合而成的绿化用地。

图 2-1-12　立体交叉绿岛

（51）街道绿化（图 2-1-13）：指的是在街道的两旁及分隔带内种植树木和绿篱，布置花坛、林荫步道、街心花园，以及建筑物前的绿化等。在城市的道路用地上采取栽树、铺草和种花等措施，以改善市区的小气候，降低车辆和人流的噪声，净化空气，划分交通线路，防火和美化城市。

（52）借景：中国园林的传统造景手法，即有意识地把园外的景物“借”到园内视景范围中来。借景分近借、远借、邻借、互借、仰借、俯借、应时借七类。

（53）技术经济指标：技术经济指标是指国民经济各部门、企业、生产经营组织对各种设备、各种物资、各种资源利用状况及其结果的度量标准。它是技术方案、技术措施、技术政策的经济效果的数量反映。技术经济指标可反映各种技术经济现象与过程相互依存的多种关系，反映生产经营活动的技术水平、管理水平和经济成果。

（54）景观工程：景观中除建筑工程以外的室外工程。

（55）景观路：在城市重点路段，强调沿线绿化景观，体现城市风貌、绿化特色的道路。

（56）景观小品：指在一定的环境条件下，存在于空间中的、具有美感的、经过设计者艺术加工的、具有独特的观赏及使用功能的小型构筑物。

（57）景观轴线：指场地中把各个重要景点串联起来的抽象的直线，轴线是一条辅助线，把各个独立的景点以某种关系串联起来，让方案在整体上不散，作为它们的骨架。另一个功能是给人以视线的指引，沿着轴线的方向，可以看到设计师精心布局的空间，景观轴线强调了人们在空间中的体验。

（58）喀斯特景观：又称“岩溶景观”，指喀斯特地貌区具有的独特的自然景色。地面往往崎岖不平，怪石嶙峋，奇峰林立；地表河流稀疏，地下则发育有地下河、溶洞等。中国广西的桂林山水即为典型的岩溶景观。

图 2-1-13　街道绿化（西双版纳街头）

（59）客土：将栽植地点或种植穴中不适合种植的土壤更换成适合种植的土壤，或掺入某种土壤改善其理化性质。

（60）枯山水：日本特有的造园手法，也是日本园林的代表佳作和精华所在。其真实意义是无水无山之庭，即在庭院内敷白砂，以示河流江海；缀景石或适量树木，以示山峰森林，因无真山真水，故得名枯山水。

（61）立体绿化：在各类建筑物和构筑物的立面、屋顶、地下和上部空间进行多层次、多功能的绿化和美化，以改善局地气候和生态服务功能、拓展城市绿化空间、美化城市景观的生态建设活动。

（62）列植（图 2-1-14）：沿直线或曲线以等距或按一定的变化规律而进行的植物种植方式。

（63）林冠线：水平望去，树冠与天空的交际线叫作林冠线。

（64）林缘线：指树林或树丛、花木边缘上树冠垂直投影于地面的连接线(即太阳垂直照射时，地上影子的边缘线),是植物配置在平面构图上的反映，也是植物空间划分的重要手段，空间的大小、景深，透视线的开辟，气氛的形成等大都依靠林缘线设计。

图 2-1-14 列植（西双版纳 热带花卉园）

（65）漏景：中国建筑艺术园林构景方法之一，从框景发展而来，就是借助于漏窗，树枝等景观元素产生似是而非、若隐若现的景物，从而使漏入视野的景物变得含蓄而富有韵味。

（66）绿地率：绿地率＝绿地面积 / 土地面积 ×100%

绿地率描述的是居住区用地范围内各类绿地的总和与居住区用地的比率（%）。绿地率所指的“居住区用地范围内各类绿地”主要包括公共绿地、宅旁绿地等。其中，公共绿地，又包括居住区公园、小游园、组团绿地及其他的一些块状、带状化公共绿地。

（67）绿化：栽种植物以改善环境的活动。

（68）绿化率：指项目规划建设用地范围内的绿化面积与规划建设用地面积之比。

（69）绿化覆盖率：指绿化植物的垂直投影面积占城市总用地面积的比值。

绿化覆盖率 (%) ＝绿化植物垂直投影面积 / 城市用地总面积 ×100%

（70）绿廊：绿廊是以自然生态系统和人工生态系统为基底，为植物生长和动物繁衍提供廊道和生境的绿色空间，以及发挥安全防护作用、美化景观的绿色隔离区域。

（71）绿篱（图 2-1-15）：凡是以近距离的株行距密植，栽成单行或双行的规则种植的灌木或小乔木，都称为绿篱、植篱、生篱。因其可修剪成各种造型并能相互组合，从而提高了观赏效果。此外，绿篱还能起到遮盖不良视点、隔离防护、防尘防噪等作用。

（72）盲道（行进盲道、提示盲道）：专门帮助盲人行走的道路设施。

（73）苗圃：专门用于繁殖、培育苗木的土地类型。

图 2-1-15　绿篱

（74）模拟化景观：现代造园手法的重要组成部分，以替代材料模仿真实材料，以人工造景模仿自然景观，以凝固模仿流动，是对自然景观的提炼和补充，运用得当会超越自然景观的局限，达到特有的景观效果（见表 2-1-1）。

表 2-1-1 模拟化景观

分类名称	模仿对象	设计要点
假山石	模仿自然山体	①采用天然石材进行人工堆砌再造。分观赏性假山和可攀登假山，后者必须采取安全措施。②居住区堆山置石的体量不宜太大，构图应错落有致，选址一般在居住区入口、中心绿化区。③适当配置花草、树木和水流
人造山石	模仿天然石材	①人造山石采用钢筋、钢丝网或玻璃钢做内衬，外喷抹水泥做成石材的纹理褶皱，喷色后似山石和海石，喷色是仿石的关键环节。②人造石以观赏为主，在人经常蹬踏的部位需加厚填实，以增加其耐久性。③人造山石覆盖层下宜设计为渗水地面，以利于保持干燥
人造树木	模仿天然树木	①人造树木一般采用塑料做枝叶，枯木和钢丝网抹灰做树干，可用于居住区入口和较干旱地区，具有一定的观赏性，可烘托局部的环境景观，但不宜大量采用。②在建筑小品中应用仿木工艺，做成梁柱、绿竹小桥、木凳、树桩等，达到以假代真的目的，增强小品的耐久性和艺术性。③仿真树木的表皮装饰要求细致，切忌色彩夸张
枯水	模仿水流	①多采用细砂和细石铺成流动的水状，应用于去往居住区的草坪和凹地中，砂石以纯白为佳。②可与石块、石板桥、石井及盆景植物组合，成为枯山水景观区。卵石的自然石块作为驳岸使用材料，塑造枯水的浸润痕迹。③以枯水形成的水渠河溪，也是供儿童游玩的场所，可设计出“过水”的汀步，方便人员踩踏
人工草坪	模仿自然草坪	①用塑料及织物制作，适用于小区广场的临时绿化区和屋顶上部。②具有良好的渗水性，但不宜大面积使用
人工坡地	模仿波浪	①将绿地草坪做成高低起伏、层次分明的造型，并在坡尖上铺带状白砂石，形成浪花。②必须选择靠路和广场的适当位置，用矮墙砌出波浪起伏的断面形状，突出浪的动感
人工铺地	模仿水纹、海滩	①采用灰瓦和小卵石，有层次有规律地铺装成鱼鳞水纹，多用于庭院间园路。②采用彩色面砖，并由浅变深逐步退晕，形成海滩效果，多用于水池和泳池边岸

（75）模纹花坛（图 2-1-16）：模纹花坛又叫毛毡花坛或模样花坛，此种花坛是以色彩鲜艳的各种矮生性、多花性的草花或观叶草本为主，在一个平面上栽种出种种图案来，看去犹如地毡，花坛外形均是规则的几何图形。

植物的高度和形状与模纹花坛纹样表现有着密切联系，是选择材料的重要依据，以枝叶细小、株丛紧密、萌蘖性强、耐修剪的观叶植物为主。

（76）墓园：园林化的墓地。

（77）攀缘植物：以某种方式攀附于其他物体上生长，主干茎不能直立的植物。

（78）喷泉：是一种将水或其他液体经过一定压力通过喷头喷洒出来、具有特定形状的组合体。

图 2-1-16　模纹花坛

（79）盆景：呈现于盆器中的风景成园林花木景观的艺术缩制品。

（80）坡道：连接有高差的地面或者楼面的斜向交通通道以及门口的垂直交通和疏散措施。

（81）乔木：具有直立主干、树冠广阔、成熟植株多在 6 m 以上的多年生木本植物。

（82）曲水流觞：中国古代流传的一种游戏。夏历的三月人们举行祓禊仪式之后，大家坐在河渠两旁，在上流放置酒杯，酒杯顺流而下，停在谁的面前，谁就取杯饮酒。曲水流觞引入园林设计后，通常建于亭中，成为园中景点之一。

（83）群植：多株树木成丛、成群的配置方式。

（84）人工植物群落：模仿自然植物群落栽植的、具有合理空间结构的植物群体。

（85）人文景观：又称文化景观，是人们在日常生活中，为了满足物质和精神等方面的需要，在自然景观的基础上，叠加了文化特质而构成的景观。人文景观带给游客的是形象美和意境美的统一，在很大程度上可反映出特殊的历史、地方、民族特色或异国、异地的特殊情调。

（86）日照间距：日照间距指前后两排南向房屋之间，为保证后排房屋在冬至日底层获得不低于二小时的满窗日照而保持的最小间隔距离。

（87）生产绿地：为城市绿化提供苗木、花草、种子的苗圃、花圃、草圃等圃地。

（88）竖向设计：与水平面垂直方向的设计，称为竖向设计。

（89）私家园林：古代官僚、文人、地主、富商等拥有的私人宅院。

（90）寺庙园林：指包括庭院、苑囿和风景点在内的利用各种造景要素、服务于宗教或具有宗教性质的建筑及其所附属的外环境的总称。

（91）宿根花卉：二年生或二年以上的露地栽培非木本植物，即植株地下部分可以宿存于土壤中越冬，翌年春天地上部分又可萌发生长、开花结籽的花卉。

（92）汀步：又称步石、飞石，指在浅水中按一定间距布设的块石，微露水面，使人跨步而过。园林中运用这种古老的渡水设施，质朴自然，别有情趣。

（93）亭：有柱有顶无墙，供休息用的建筑物，多建于路旁或花园里（图 2-1-17）。

图 2-1-17　亭

（94）庭荫树：以遮阴为主要目的的树木，又称绿荫树、庇荫树。

（95）透景：美好的景物被高于游人视线的地物所遮挡，须开辟透景线，这种处理手法叫透景。

（96）透景线：在树木或其他物体中间保留的可透视远方景物的空间。

（97）土壤自然安息角：又叫土壤自然倾斜角，土壤自然堆积，经沉落稳定后，将会形成一个稳定的、坡度一致的土体表面，此表面即为土壤的自然倾斜面。自然倾斜面与水平面的夹角，就是土壤的自然倾斜角，即安息角，以 α 表示。土壤的含水量大小影响土壤的安息角，在工程设计时，为了使工程稳定，其边坡坡度数值应参考相应土壤的安息角。

（98）屋顶花园（图 2-1-18）：在各类建筑物、构筑物、桥梁（立交桥）等的顶部、阳台、天台、露台上进行园林绿化、种植草木花卉作物所形成的景观。

（99）无障碍设计：强调在科学技术高度发展的现代社会，一切有关人类衣食住行的公共空间环境以及各类建筑设施、设备的规划设计，都必须充分考虑具有不同程度生理伤残缺陷者和正常活动能力衰退者的使用需求，配备能够应答、满足这些需求的服务功能与装置，营造一个充满爱与关怀、切实保障人类安全、方便、舒适的现代生活环境。

图 2-1-18　屋顶花园

（100）乡村景观（图 2-1-19）：乡村地区的农田及村庄、树篱、道路、水塘等类型的组合特征，是乡村经济、人文、社会、自然等现象的综合表现。

（101）相地：泛指对园址场地条件的勘察、体察、分析和利用。

（102）榭：是一种借助于周围景色而见长的园林休憩建筑，即建在高土台或水面（或临水）上的木屋。

（103）行道树（图 2-1-20）：成行等距离栽种在道路两旁的树木，具有遮阴、防尘、护路、减弱噪声及美化环境等功能。

（104）眩光：是指视野中由于不适宜亮度分布，或在空间或时间上存在极端的亮度对比，以致引起视觉不舒适和降低物体可见度的视觉条件。

（105）用地红线：各类建筑及景观工程项目用地的使用权属范围的边界线。

在景观设计中，和用地红线处同等地位的还有用地绿线、用地蓝线、用地紫线和用地黄线，在这里我们把它们也解释一下：

· 用地绿线：规划主管部门确定的各类绿地范围控制线。

· 用地蓝线：规划主管部门确定的江、河、湖、水库、水渠、湿地等地表水体保护的控制界线。

· 用地紫线：国家和各级政府确定的历史建筑、历史文化保护范围界线。

· 用地黄线：规划主管部门确定的必须控制的基础设施的用地界线。

（106）园廊：园林中屋檐下的过道以及独立有顶的过道。原指中国古代建筑中有顶的通道，包括回廊和游廊，基本功能为遮阳、防雨和供人小憩。

（107）园林：在一定地域内运用工程技术及艺术的手段，通过因地制宜地改造地形、整治水系、栽种植物、营造建筑及布置园路等方法创作而成的优美的游憩境域。

（108）园林城市：根据中华人民共和国住房和城乡建设部《国家园林城市标准》

图 2-1-19　乡村景观

图 2-1-20　行道树

评选出的分布均衡、结构合理、功能完善、景观优美、人居生态环境清新舒适、安全宜人的城市。

“园林城市”是在中国特殊环境中提出的，它和我国传统的私家园林有着密切的联系。它的前身是钱学森先生提出的“山水城市”，有些类似于欧洲国家提出的“花园城市”。它们都强调城市景观要犹如绘画一样，用人为的审美情趣来建设城市的一砖一瓦、一草一木。园林城市凝聚着中国传统的审美情趣，而“花园城市”则印记着欧洲国家的风情。

（109）园林建筑：园林中供人游览、观赏、休憩并构成景观的建筑物或构筑物的统称。园林小品与园林建筑相比结构简单，一般没有内部空间，体量小巧，造型别致，富有特色，并讲究适得其所。

（110）园林艺术：在园林创作中，通过审美创造活动再现自然和表达情感的一种艺术形式。

（111）园林意境：通过园林的形象所反映的情感，使游赏者触景生情的一种艺术境界。

（112）园林铺装：园林铺装是指用各种材料进行的地面铺砌装饰，其中包括园路、广场、活动场地、建筑地坪等。园林铺装，不仅具有组织交通和引导游览的功能，还为人们提供了良好的休息、活动场地，同时还直接创造了优美的地面景观，给人以美的享受，增强了园林的艺术效果。

（113）园林景观路：在城市重点路段，强调沿线绿化景观，体现城市风貌、绿化特色的道路。

（114）缘石坡道（图 2-1-21）：属于无障碍设施的一种。位于人行道口或人行横道两端，避免了人行道路缘石带来的通行障碍，方便乘轮椅者进入人行道行使的一种坡道。

（115）障景：采用布局层次和构筑木石达到遮障、分割景物的效果，使人不能一览无余。

（116）遮蔽栽植：需要对视线某一方向加以遮蔽时，通过种植植物来遮蔽人们视线内不需要的部分，并用这种绿化来美化道路景观的栽植方式。

（117）植物园（图 2-1-22）：是调查、采集、鉴定、引种、驯化、保存和推广利用植物的科研单位，也是普及植物科学知识、供群众游憩的园地。

图 2-1-21 缘石坡道

图 2-1-22 植物园

（118）置石：以石材或者仿石材料布置成自然露岩景观的造景手法。

（119）中水处理：中水是指循环再利用的水。其实中水处理离我们的生活并不遥远，许多家庭都习惯把洗衣服和洗菜的水收集起来，用于冲厕所和拖地板，这就是最原始、最简单的中水处理办法。“中水”一词最早起源于日本，是不同于给水（日本称“上水”）、排水（日本称“下水”）的一种水处理方法。中水是把水质较好的生活污水经过比较简单的技术处理后，作为非饮用水使用。中水主要用于洗车、喷洒绿地、冲洗厕所、冷却用水等，这样做充分利用了水资源，减少了污水直接排放对环境造成的污染。对于淡水资源缺乏、供水严重不足的城市来说，中水系统是缓解水资源不足、防治水污染、保护环境的重要途径。

（120）种植成活率：种植植物的成活数量与种植植物总量的百分比。

（121）专类公园：具有特定内容或形式，有一定游憩设施的公园。例如，海洋公园、岩石园等。

（122）转弯半径：汽车由转向中心到外转向轮与地面接触点的距离。在很大程度上表征了汽车能够通过狭窄弯曲地带或绕开不可越过的障碍物的能力。

（123）总建筑面积：指在建设用地范围内单栋或多栋建筑物地面以上及地面以下各层建筑面积的总和。

第二节　景观设计相关规范汇编

一、道路设计

（1）园路一般分为：

①主路：联系园内各个景区、主要风景点和活动设施的路。对园内外景色进行组织，以引导游人欣赏景色；

②支路：设在各个景区内的路，支路联系各个景点，对主路起辅助作用。考虑到游人的不同需要，在园路布局中，还应为游人由一个景区到另一个景区开辟捷径；

③小路：又叫游步道，是深入到山间、水际、林中、花丛中的供人们漫步游赏的路。

（2）园路设计应符合以下规定：

①主路纵坡宜小于 8%，横坡宜小于 3%，横、纵坡不得同时无坡度。山地场地的园路纵坡应小于 12%，超过 12% 时应做防滑处理；

②支路和小路，纵坡宜小于 18%。纵坡超过 15% 的路段，应做防滑处理；纵坡超过 18% 时，宜按台阶、梯道设计，台阶数不得小于 2 级（当高差不足 2 级的时候，应设置坡道），每个踢段的踏步不应超过 18 级（踏面和踢面），坡度超过 58% 的梯道应做防滑处理，宜设置护栏设施。

园路应根据不同功能要求确定其结构和饰面，宜使用天然砂石等透水材料，提高园路的自然生态功能，使雨水自然渗透。

（3）道路改变方向时路边绿化及建筑物不应影响行车有效视距（安全视距）。

（4）单车道路宽度不应小于 4 m，双车道路宽度不应小于 7 m；

（5）人行道路宽度不应小于 1.5 m。

（6）基地机动车道的纵坡不应小于 0.2%，亦不应大于 8%，在多雪严寒地带不应大于 5%，横坡应为 1%~2%。

（7）道路及绿地的最大坡度，详见表 2-2-1。

表 2-2-1 道路及绿地最大坡度

道路及绿地		最大坡度
道路	普通道路	17%（1/6）
	自行车专用道	5%
	轮椅专用道	8.5%（1/12）
	轮椅园路	4%
	路面排水	1%~2%
绿地	草皮坡度	45%
	中高木绿化种植	30%
	草坪修剪机作业	15%

（8）公共建筑室内外台阶踏步宽度不宜小于 0.30 m，踏步高度不宜大于 0.15 m 并不宜小于 0.1 m，踏步应防滑，台阶踏步数不应少于 2 级，不足 2 级时应设置为坡道。

（9）居住区各级道路的人行道纵坡不宜大于 2.5%，在人行步道中设台阶，应同时设轮椅坡道和扶手。

（10）老年人活动场地坡度不应大于 3%，在步行道中设置台阶时应设轮椅坡道及扶手。

（11）居住区道路宽度，详见表 2-2-2。

表 2-2-2 居住道路宽度

道路名称	道路宽度
居住区道路	红线宽度不宜小于 20 m
小区路	路面宽 5 m~8 m，建筑控制线之间的宽度，采暖区不宜小于 14 m，非采暖区不宜小于 10 m
组团路	路面宽 3 m~5 m，建筑控制线之内的宽度，采暖区不宜小于 10 m，非采暖区不宜小于 8 m
宅间小路	路面宽不宜小于 2.5 m
园路	不宜小于 1.2 m

（12）路面分类及适用场地，详见表 2-2-3。

表 2-2-3　　**路面分类及适用场地设计**

序号	道路分类		路面主要特点	适用场地								
				车道	人行道	停车场	广场	园路	游乐场	露台	屋顶广场	体育场
1	沥青	不透水沥青路面	①热辐射低，光反射弱，全年使用，耐久，维护成本低。②表面不吸水，不吸尘。遇溶解剂可溶解。③弹性随混合比例而变化，遇热变软	√	√	√						
		透水沥青路面			√	√						
		彩色沥青路面			√		√					
2	混凝土	混凝土路面	坚硬，无弹性，铺装容易，耐久，全年使用，维护成本低。撞击易碎	√	√	√	√					
		水磨石路面	表面光滑，可配成多种色彩，有一定硬度，可组成图案装饰		√		√	√	√			
		模压路面	易成形，铺装时间短。分坚硬、柔软两种，面层纹理色泽可变		√		√	√				
		混凝土预制砌块路面	有防滑性。步行舒适，施工简单，修整容易，价格低廉，色彩式样丰富		√	√	√	√				
		水刷石路面	表面砾石均匀露明，有防滑性，观赏性强，砾石粒径可变。不易清扫		√		√	√				
3	花砖	釉面砖路面	表面光滑，铺筑成本较高，色彩鲜明。撞击易碎，不适应寒冷气温		√				√			
		陶瓷砖路面	有防滑性，有一定的透水性，成本适中。撞击易碎，吸尘，不易清扫		√			√	√	√		
		透水花砖路面	表面有微孔，形状多样，相互咬合，反光较弱		√	√					√	
		黏土砖路面	价格低廉，施工简单。分平砌和竖砌，接缝多可渗水。平整度差，不易清扫		√		√	√				
4	天然石材	石块路面	坚硬密实，耐久，抗风化强，承重大。加工成本高，易受化学腐蚀，粗表面，不易清扫；光表面，防滑差		√		√	√				
		碎石、卵石路面	在道路基底上用水泥粘铺，有防滑性能，观赏性强。成本较高，不易清扫			√						
		砂石路面	砂石级配合，碾压成路面，价格低，易维修，无光反射，质感自然，透水性强					√				
5	砂土	砂土路面	用天然砂或级配砂铺成软性路面，价格低，无光反射，透水性强。需常湿润					√				
		黏土路面	用混合黏土或三七灰土铺成，有透水性，价格低，无光反射，易维修					√				
6	木	木地板路面	有一定弹性，步行舒适，防滑，透水性强。成本较高，不耐腐蚀。应选耐潮湿木料					√	√			
		木砖路面	步行舒适，防滑，不易起翘。成本较高，需做防腐处理。应选耐潮湿木料					√		√		
		木屑路面	质地松软，透水性强，取材方便，价格低廉，表面铺树皮具有装饰性					√				
7	合成树脂	人工草皮路面	无尘土，排水良好，行走舒适，成本适中。负荷较轻，维护费用高			√	√					
		弹性橡胶路面	具有良好的弹性，排水良好。成本较高，易受损坏，清洗费时							√	√	√
		合成树脂路面	行走舒适、安静，排水良好。分弹性和硬性，适于轻载。需要定期修补								√	√

（13）路缘石

①路缘石设置功能：确保行人安全，进行交通引导。保持水土，保护种植，区分路面铺装。

②路缘石可采用预制混凝土、砖、石料和合成树脂材料，高度以 100 mm~150 mm 为宜。

③缘石坡道设计应符合下列规定：

· 人行道的各种路口应设置缘石坡道；

· 缘石坡道应设在人行道的范围内，并应与人行横道相对应；

· 缘石坡道可分为单面缘石坡道和三面缘石坡道；

· 缘石坡道坡面应平整，且不应光滑；

· 缘石坡道下口高出车行道的地面不得大于 20 mm。

④单面坡缘石坡道设计应符合下列规定：

· 单面坡缘石坡道可采用方形、长方形或扇形；

· 方形、长方形单面坡缘石坡道应与人行道的宽度相对应；

· 扇形单面坡缘石坡道下口宽度不应小于 1.50 m；

· 设在道路转角处的单面坡缘石坡道上口宽度不宜小于 2.00 m；

· 单面坡缘石坡道的坡度不应大于 1∶20。

⑤三面缘石坡道设计应符合下列规定：

· 三面缘石坡道的正面坡道宽度不应小于 1.20 m；

· 三面缘石坡道的正面及侧面的坡度不应大于 1∶12。

二、绿化设计

（1）道路绿带设计，行道树定植株距应以树种成年期冠幅为准，最小株距 4 m，树干中心至路缘石外侧最小距离 0.75 m。

（2）水生植物种植池深度应满足不同植物的栽植需求，浮水植物（如睡莲）水深要求 0.5 m~2.0 m，挺水植物（如荷花）水深要求 1.0 m。

（3）树木与架空电力线路导线的最小垂直距离应符合表 2-2-4 的规定。

表 2-2-4 树木与架空电力线路导线的最小垂直距离

电压（kV）	1~10	35~110	154~220	330
最小垂直距离（m）	1.5	3.0	3.5	4.5

（4）绿篱树的行距和株距应符合表 2-2-5（详见下页表）的规定。

表 2-2-5　　**绿篱树的行距和株距**

种植类型	绿篱高度（m）	株行距（m）		绿篱计算宽度（m）
		株距	行距	
一行中灌木	1~2	0.40~0.60	/	1.00
两行中灌末		0.50~0.70	0.40~0.60	1.40~1.60
一行小灌木	<1	0.25~0.35	/	0.80
两行小灌末		0.25~0.35	0.25~0.30	1.10

（5）广场植物配置，应考虑其四周建筑物的关系，并与广场功能、规模及尺度相协调；栽植高大乔木时，应考虑安全视距及人流通行的要求，树木枝下净空应大于 2.2 m。

停车场周边宜栽植乔木，树木枝下净空应符合停车位高度要求，小型车高 2.5 m，中型车高 3.5 m，载货车高 4.5 m。

（6）树木与地下管线最小水平距离 280 mm。

（7）古树名木保护必须符合下列要求：

①古树名木必须原地保留；

②距古树名木树冠垂直投影 5 m 范围内严禁堆放物料、挖坑取土、兴建临时设施建筑；

③保护范围内不得损坏表土层和改变地表高程，除保护及加固措施外，不得设置建筑物、构筑物及架（埋）设各种过境管线，不得栽植缠绕古树名木的藤本植物；

④保护范围附近，不得设置造成古树名木处于阴影下的高大物体和排泄危及古树的有害水、气的设施。

（8）居住区公共绿地的设置应根据居住区不同的规划组织结构类型，设置相应的中心公共绿地，包括居住区公园（居住区级）、小游园（小区级）和组团绿地（组团级），以及儿童游戏场和其他的块状、带状公共绿地等，并应符合表 2-2-6 的规定（表内“设置内容”可根据具体条件选用）。

表 2-2-6　　**居住区各级中心公共绿地设置规定**

中心绿地名称	设置内容	要求	最小规格（ha）	最大服务半径（m）
居住区公园	花木草坪，花坛水面，凉亭雕塑，小卖部，茶座，老幼设施，停车场地和铺装地面等	园内布局应有明确的功能划分	1.0	800~1000
小游园	花木草坪，花坛水面，雕塑，儿童设施和铺装地面等	园内布局应有一定的功能划分	0.4	400~500
组团绿地	花木草坪，桌椅，简易儿童设施等	可灵活布局	0.04	

注：①居住区公共绿地至少要有一边与相应级别的道路相邻。②应满足有不少于 1/3 的绿地面积在标准日照阴影范围之外。③块状、带状公共绿地同时应满足宽度不小于 8 m，面积不少于 400 m^2 的要求。④参见《城市居住区规划设计规范》。

（9）公共绿地指标应根据居住人口规模分别达到：组团级不少于 0.5 m²/ 人；小区（含组团）不少于 1 m²/ 人；居住区（含小区或组团）不少于 1.5 m²/ 人。

（10）绿地率应符合下列要求：

①新区建设应≥ 30%；

②旧区改造宜≥ 25%；

③种植成活率≥ 98%。

（11）院落组团绿地应符合表 2-2-7 的规定。

表 2-2-7 院落组团绿地设置规定

封闭型绿地		开敞型绿地	
南侧多层楼	南侧高层楼	南侧多层楼	南侧高层楼
$L_1 \geq 1.5$（L_2）	$L_1 \geq 1.5$（L_2）	$L_1 \geq 1.5$（L_2）	$L_1 \geq 1.5$（L_2）
$L_1 \geq 30$（m）	$L_1 \geq 50$（m）	$L_1 \geq 30$（m）	$L_1 \geq 50$（m）
$S_1 \geq 800$（m²）	$S_1 \geq 1200$（m²）	$S_1 \geq 800$（m²）	$S_1 \geq 1200$（m²）
$S_2 \geq 1000$（m²）	$S_2 \geq 1200$（m²）	$S_2 \geq 1000$（m²）	$S_2 \geq 1200$（m²）

其中：L_1——南北两楼正面间距（m）；L_2——当地住宅的标准日照间距（m）；S_1——北侧为多层楼的组团绿地面积（m²）；S_2——北侧为高层楼的组团绿地面积（m²）。

（12）绿化种植相关间距控制规定：

①绿化植物栽植间距和绿化带最小宽度规定，详见表 2-2-8。

表 2-2-8 绿化植物栽植间距

名称	不宜小于（中—中）（m）	不宜大于（中—中）（m）
一行行道树	4.00	6.00
两行行道树（棋盘式栽植 ）	3.00	5.00
乔木群栽	2.00	/
乔木与灌木	0.50	/
灌森群栽（大灌木） （中灌木） （小灌木）	1.00 0.75 0.30	3.00 0.50 0.80

②绿化带最小宽度规定，详见表 2-2-9。

表 2-2-9 绿化带最小宽度

名称	最小宽度（m）	名称	最小宽度（m）
一行乔木	2.00	一行灌木（大灌木）	2.50
两行乔木（并列栽植）	6.00	一行乔木与一行绿篱	2.50
两行乔木（棋盘式栽植）	5.00	一行乔木与两行绿篱	3.00
一行灌木带（小灌木）	1.50		

③绿化植物与建筑物、构筑物最小间距的规定，详见表 2-2-10。

表 2-2-10 绿化植物与建筑物、构筑物的最小间距

建筑物、构筑物名称	最小间距（m）	
	至乔木中心	至灌木中心
建筑物外墙：有窗	3.0 ~ 5.0	1.5
无窗	2.0	1.5
挡土墙顶内和墙脚外	2.0	0.5
围墙	2.0	1.0
铁路中心线	5.0	3.5
道路路面边缘	0.75	0.5
人行道路面边缘	0.75	0.5
排水沟边缘	1.0	0.5
体育用场地	3.0	3.0
喷水冷却池外缘	40.0	
塔式冷却塔外缘	1.5 倍塔高	

④绿化植物与管线的最小间距，详见表 2-2-11。

表 2-2-11 绿化植物与管线的最小间距

管线名称	最小间距（m）	
	乔木（至中心）	灌木（至中心）
给水管、闸井	1.5	不限
污水管、雨水管、探井	1.0	不限
煤气管、探井	1.5	1.5
电力电缆、电信电缆、电信管道	1.5	1.0
热力管（沟）	1.5	1.5
地上杆柱（中心）	2.0	不限
消防龙头	2.0	1.2

（13）道路绿地率应符合下列规定：

①园林景观路绿地率不得小于 40%；

②红线宽度大于 50 m 的道路绿地率不得小于 30%；

③红线宽度在 40 m~50 m 的道路绿地率不得小于 25%；

④红线宽度小于 40 m 的道路绿地率不得小于 20%。

（14）道路绿地布局应符合下列规定：

①种植乔木的分车绿带宽度不得小于 1.5 m; 主干路上的分车绿带宽度不宜小于 2.5 m；行道树绿带宽度不得小于 1.5 m；

②主、次干路中间分车绿带和交通岛绿地不得布置成开放式绿地；

③路侧绿带宜与相邻的道路红线外侧其他绿地相结合；

④人行道毗邻商业建筑的路段，路侧绿带可与行道树绿带合并；

⑤道路两侧环境条件差异较大时，宜将路侧绿带集中布置在条件较好的一侧。

（15）道路绿化景观规划应符合下列规定：

①在城市绿地系统规划中，应确定园林景观路与主干路的绿化景观特色。园林景观路应配置观赏价值高、有地方特色的植物，并与街景结合；主干路应体现城市道路绿化景观风貌；

②同一道路的绿化宜有统一的景观风格，不同路段的绿化形式可有所变化；

③同一路段上的各类绿带，在植物配置上应相互配合，并应协调空间层次、树形组合、色彩搭配和季相变化的关系；

④毗邻山、河、湖、海的道路，其绿化应结合自然环境，突出自然景观特色。

（16）分车绿带设计应符合下列规定：

①分车绿带的植物配置应形式简洁，树形整齐，排列一致。乔木树干中心至机动车道路缘石外侧距离不宜小于 0.75 m；

②中间分车绿带应阻挡相向行驶车辆的眩光，在距相邻机动车道路面高度0.6 m至1.5 m的范围内，配置植物的树冠应常年枝叶茂密，其株距不得大于冠幅的5倍；

③两侧分车绿带宽度大于或等于 1.5 m 的，应以种植乔木为主，并宜乔木、灌木、地被植物相结合。其两侧乔木树冠不宜在机动车道上方搭接。分车绿带宽度小于 1.5 m 的，应以种植灌木为主，并应灌木、地被植物相结合；

④被人行横道或道路出入口断开的分车绿带，其端部应采取通透式配置。

（17）行道树绿带设计应符合下列规定：

①行道树绿带种植应以行道树为主，并宜乔木、灌木、地被植物相结合，形成连续的绿带。在行人多的路段，行道树绿带不能连续种植时，行道树之间宜采用透气性路面铺装。树池上宜覆盖池箅子；

②行道树定植株距，应以其树种壮年期冠幅为准，最小种植株距应为 4 m。行道树树干中心至路缘石外侧最小距离宜为 0.75 m；

③行道树苗木的胸径：快长树不得小于 5 cm，慢长树不宜小于 8 cm。

④在道路交叉口视距三角形范围内，行道树绿带应采用通透式配置。

（18）路侧绿带设计应符合下列规定：

①路侧绿带应根据相邻用地性质、防护和景观要求进行设计，并应保持在路段内的连续性与完整的景观效果；

②路侧绿带宽度大于 8 m 时，可设计成开放式绿地。开放式绿地中，绿化用地面积不得小于该段绿带总面积的 70%。路侧绿带与毗邻的其他绿地一起辟为街旁游园时，其设计应符合现行行业标准《公园设计规范》(CJJ48—92) 的规定；

③濒临江、河、湖、海等水体的路侧绿地，应结合水面与岸线地形设计成滨水绿带。滨水绿带的绿化应在道路和水面之间留出透景线；

④道路护坡绿化应结合工程措施栽植地被植物或攀缘植物。

（19）道路交叉口植物布置规定：

道路交叉口处种植树木时，必须留出非植树区，以保证行车安全视距，即在该视野范围内不应栽植高于 1m 的植物，而且不得妨碍交叉口路灯的照明，为交通安全创造良好条件（见表 2-2-12）。

表 2-2-12　　道路交叉口植物布置规定

行车速度≤ 40 km/h	非植树区不应小于 30 m
行车速度≤ 25 km/h	非植树区不应小于 14 m
机动车道与非机动车道交叉口	非植树区不应小于 10 m
机动车道与铁路交叉口	非植树区不应小于 50 m

（20）屋顶绿化：建筑屋顶自然环境与地面有所不同，日照、温度、风力和空气成分等随建筑物高度而变化。

①屋顶接受太阳辐射强，光照时间长，对植物生长有利；

②温差变化大，夏季白天温度比地面高 3℃ ~5℃，夜间又比地面低 2℃ ~3℃；冬季屋面温度比地面高，有利于植物生长；

③屋顶风力比地面大 1~2 级，对植物发育不利；

④相对湿度比地面低 10% ~20%，植物蒸腾作用强，更需保水；

⑤屋顶绿地分为坡屋面绿化和平屋面绿化两种，应根据上述生态条件种植耐旱、耐移栽、生命力强、抗风力强、外形较低矮的植物。坡屋面多选择贴伏状藤本或攀缘植物。平屋顶以种植观赏性较强的花木为主，并应适当配置水池、花架等小品，形成周边式和庭院式绿化；

⑥屋顶绿化数量和建筑小品放置位置，需经过荷载计算确定。考虑绿化的平屋顶荷载为 500~1000 kg/ m^2，为了减轻屋顶的荷载，栽培介质常用轻质材料按需要比例混合而成（如营养土、土屑、蛭石等）；

⑦屋顶绿化可用人工浇灌，也可采用小型喷灌系统和低压滴灌系统。屋顶多采用屋面找坡、设排水沟和排水管的方式解决排水问题，以避免因积水而造成的植物根系腐烂。

（21）停车场绿化：停车场的绿化景观可分为周界绿化景观、车位间绿化景观和地面绿化及铺装景观（见下页表 2-2-13）。

表 2-2-13　　停车场绿化景观分类及设计要求

绿化部位	景观及功能效果	设计要点
周界绿化	形成分隔带，减少视线干扰和居民的随意穿行。遮挡车辆反光对居室内的影响。增加车场的领域感，同时美化周边环境	较密集排列种植灌木和乔木，乔木树干要求挺直；车场周边也可围合装饰景墙，或种植攀缘植物进行垂直绿化
车位间绿化	多条带状绿化种植产生陈列式韵律感，改变车场内环境，并形成庇荫，避免阳光直射车辆	车位间绿化带由于受车辆尾气排放影响，不宜种植花卉。为满足车辆的垂直停放和种植物保水要求，绿化带一般宽为 1.5 m~2 m，乔木沿绿带排列，间距应≥ 2.5 m，以保证车辆在其间停放
地面绿化及铺装	地面铺装和植草砖使场地色彩产生变化，减弱大面积硬质地面的生硬感	采用混凝土或塑料植草砖铺地。种植耐碾压草种，选择满足碾压要求具有透水功能的实心砌块铺装材料

三、景观设施

（1）儿童游乐设施设计应符合表 2-2-14 的规定。

表 2-2-14　　儿童游乐设施设计要点

序号	设施名称	设计要点	适用年龄
1	砂坑	①居住区砂坑一般规模为 10 m^2~20 m^2，砂坑中安置游乐器具的要适当加大，以确保基本活动空间，利于儿童之间的相互接触。②砂坑深 40 cm~45 cm，砂子必须以中细沙为主，并经过冲洗。砂坑四周应竖 10 cm~15 cm 的围沿，防止砂土流失或雨水灌入。围沿一般采用混凝土、塑料和木制，上可铺橡胶软垫。③砂坑内应敷设暗沟排水，防止动物在坑内排泄	3~6 岁
2	滑梯	①滑梯由攀登段、平台段和下滑段组成，一般采用木材、不锈钢、人造水磨石、玻璃纤维、增强塑料制作，保证滑板表面平滑。②滑梯攀登梯架倾角为 70° 左右，宽 40 cm，踢板高 6 cm，双侧设扶手栏杆。休息平台周围设 80 cm 高防护栏杆。滑板倾角 30° ~35°，宽 40 cm，两侧直缘为 18 cm，便于儿童双脚制动。③成品滑板和自制滑梯都应在梯下部铺厚度不小于 3 cm 的胶垫，或 40 cm 的砂土，防止儿童坠落受伤	3~6 岁
3	秋千	①秋千分板式、座椅式、轮胎式几种，其场地尺寸根据秋千摆动幅度及其与周围游乐设施的间距来确定。②秋千一般高 2.5 m，长 3.5 cm~6.7 m（分单座、双座、多座），周边安全护栏高 60 cm，踏板距地 35 cm~45 cm。幼儿距地为 25 cm。③地面需设排水系统，铺设柔性材料	6~15 岁
4	攀登架	①攀登架标准尺寸为 2.5 m×2. 5 m（高 × 宽），格架宽为 50 cm，架杆选用钢骨和木制。多组格架可组成攀登架式迷宫。②架下必须铺装柔性材料	8~12 岁
5	跷跷板	①置通双连式跷跷板宽为 1.8 m，长 3.6 m，中心轴高 45 cm。②跷跷板端部 应放置旧轮胎等设备作为缓冲垫	8~12 岁
6	游戏墙	①墙体高度控制在 1.2 m 以下，供儿童跨越或骑乘，厚度为 15 cm~35 cm。②墙上可适当开孔洞，供儿童穿越和窥视，产生游乐兴趣。③墙体顶部边沿应做成圆角，墙下铺软垫。④墙上绘制的图案应不易褪色	6~10 岁
7	滑板场	①滑板场为专用场地，要利用绿化种植、栏杆等与其他休闲区分隔开。②场地用硬质材料铺装，表面平整，并具有较好的摩擦力。③设置固定的滑板练习器具，铁管滑架、曲面滑道，台阶总高度不宜超过 60 cm，并应留出足够的滑跑安全距离	10~15 岁

（续表）

序号	设施名称	设计要点	适用年龄
8	迷宫	①迷宫由灌木丛墙或实墙组成，墙高一般在 0.9 m~1.5 m 之间，以能遮挡儿童视线为准，通道宽为 1.2 m。②灌木丛墙需要进行修剪以免划伤儿童。③地面以碎石、卵石、水刷石等材料铺砌	6~12 岁

（2）雕塑小品

①雕塑小品与周围环境共同塑造出一个完整的视觉形象，同时赋予景观空间环境以生气和主题。雕塑小品以其小巧的格局、精美的造型来点缀空间，使空间诱人而富有意境，从而提高整体环境景观的艺术境界；

②雕塑按使用功能可分为纪念性、主题性、功能性与装饰性雕塑等。从表现形式上可分为具象和抽象、动态和静态雕塑等；

③雕塑在布局上一定要注意其与周围环境的关系，恰如其分地确定雕塑的材质、色彩、体量、尺度、题材、位置等，展示其整体美、协调美；

住区内雕塑应配合建筑、道路、绿化及其他公共服务设施，起到点缀、装饰和丰富景观的作用。特殊场合的中心广场或主要公共建筑区域，可考虑主题性或纪念性雕塑；

④雕塑应具有时代感，要以美化环境、保护生态为主题，体现人文精神；以贴近人为原则，切忌尺度超长过大；更不宜采用有金属光泽的材料制作。

（3）音响设施

在居住区、广场等户外空间中，宜在距住宅单元较远的地带设置小型音响设施，并适时地播放轻柔的背景音乐，以增强居住空间的轻松气氛。

音响设计外形可结合景物元素设计。音箱高度应在 0.4 m~0.8 m，保证声源能均匀扩放，无明显强弱变化。音响放置位置一般应相对隐蔽。

（4）自行车架

自行车在露天场所停放，应划分出专用场地并安装车架。自行车架分为槽式单元支架、管状支架和装饰性单元支架，占地紧张的时候可采用双层自行车架。

（5）饮水器（饮泉）

饮水器分为悬挂式饮水设备、独立式饮水设备和雕塑式水龙头等。

饮水器的高度宜在 800 mm 左右，供儿童使用的饮水器高度宜在 650 mm 左右，并应安装在高度为 100 mm~200 mm 的踏台上。

饮水器的结构和高度还应考虑轮椅使用者的使用要求。

（6）垃圾容器

垃圾容器一般设在道路两侧，其外观色彩及标识应符合垃圾分类收集的要求。

垃圾容器分为固定式和移动式两种。普通垃圾箱的规格为高 60 cm~80 cm，宽 50 cm~60 cm。放置在公共广场的垃圾箱要大一些，高宜在 90 cm 左右，直径不宜超过 75 cm。

垃圾容器应选择美观与功能兼备，并且与周围景观相协调的产品，要求坚固耐用，不易倾倒。一般可采用不锈钢、木材、石材、混凝土、GRC、陶瓷材料制作。

（7）座椅（具）

座椅（具）是为人们提供休闲的不可缺少的设施，同时也可作为重要的装点景观进行设计。应结合环境规划来考虑座椅的造型和色彩，力争简洁适用。室外座椅（具）的选址应注重居民的休息和观景需求。

室外座椅（具）的设计应满足人体舒适度要求，普通座面距离地面的水平高度38 cm~40 cm，座面宽 40 cm~45 cm; 标准长度：单人椅 60 cm 左右，双人椅 120 cm 左右，三人椅 180 cm 左右，靠背座椅的靠背倾角以 100° ~110° 为宜。

座椅（具）材料多为木材、石材、混凝土、陶瓷、金属、塑料等，应优先采用触感好的木材，木材应做防腐处理，座椅（具）转角处应做磨边倒角处理。

（8）信息标识

信息标识主要可分为四类：名称标识、环境标识、指示标识、警示标识。

信息标识的位置应醒目，且不应对行人交通及景观环境造成妨害。

标识的色彩、造型设计应充分考虑其所在地区建筑、景观环境以及自身功能的需要。

标识的用材应经久耐用，不易破损，方便维修。

各种标识应确定统一的格调和背景色调，以突出物业管理形象。

（9）栏杆 / 扶手

栏杆具有拦阻功能，也是分隔空间的一个重要构件。设计在结合不同使用场所使用需求的基础上，首先要充分考虑栏杆的强度、稳定性和耐久性；其次要考虑栏杆的造型美，突出其功能性和装饰性。栏杆的常用材料有铸铁、铝合金、不锈钢、木材、竹子、混凝土等。

栏杆大致可分为以下三种：

①矮栏杆，高度为 30 cm~40 cm，不妨碍视线，多用于绿地边缘，也用于场地空间领域的划分；

②高栏杆，高度在 90 cm 左右，有较强的分隔与拦阻作用；

③防护栏杆，高度在 100 cm~120 cm，要超过人的重心，以便起到防护围挡作用。一般设置在高台的边缘，可使人产生安全感。

扶手一般设置在坡道、台阶两侧，高度在 90 cm 左右，室外踏步级数超过 3 级时必须设置扶手，以方便老人和残疾人使用。供轮椅使用的坡道应设高度为 0.65 m 与 0.85 m 的两道扶手。

（10）围栏 / 栅栏

围栏 / 栅栏具有限入、防护、分界等多种功能，立面构造多为栅状、网状、透空和半透空等几种形式。围栏一般采用铁制、钢制、木制、铝合金制、竹制等。栅栏竖杆的间距不应大于 110 mm。

围栏 / 栅栏设计高度应符合表 2-2-15 的规定。

表 2-2-15　围栏 / 栅栏高度要求

功能要求	高度（m）
隔离绿化植物	0.4
限制车辆进出	0.5~0.7
标明分界区域	1.2~1.5
限制人员进出	1.8~2.0
供植物攀缘	2.0 左右
隔噪声实栏	3.0~4.5

（11）挡土墙

挡土墙的形式根据建设用地的实际情况并应经过结构设计才能确定。从结构形式上分主要有重力式、半重力式、悬臂式和扶臂式挡土墙，从形态上分有直墙式和坡面式挡土墙。

挡土墙的外观质感由用材确定，直接影响到挡土墙的景观效果。毛石和条石砌筑的挡土墙要注重砌缝的交错排列方式和宽度；预制混凝土预制块挡土墙应设计出图案效果；嵌草皮的坡面上需铺上一定厚度的种植土，并加入改善土壤保温性的材料，以利于草根系的生长。

常见挡土墙技术要求及适用场地应符合表 2-2-16 的规定。

表 2-2-16　常见挡土墙技术要求及适用场地

挡土墙类型	技术要求及适用场地
干砌石墙	墙高不超过 3 m，墙体顶部宽度宜在 450 mm~600 mm，适用于可就地取材处
预制砌块墙	墙高不应超过 6 m，这种模块形式还适用于弧形或曲线形走向的挡土墙
土方锚固式挡土墙	用金属片或聚合物片将松散回填土方锚固在连锁的预制混凝土面板上。适用于挡土墙面积较大时或需要进行填方处
仓式挡土墙 / 格间挡土墙	由钢筋混凝土连锁砌块和粒状填方构成，模块面层可有多种选择，如平滑面层、骨料外露面层、锤凿混凝土面层和条纹面层等。这种挡土墙适用于使用特定挖举设备的大型项目以及空间有限的填方边缘
混凝土垛式挡土墙	用混凝土砌块垛砌成挡土墙，然后立即进行土方回填。垛式支架与填方部分的高差不应大于 900 mm，以保证挡土墙的稳固
木制垛式挡土墙	用于需要表现木质材料的景观设计。这种挡土墙不宜用于潮湿或寒冷地区，适宜用于乡村、干热地区
绿色挡土墙	结合挡土墙种植草坪植被。砌体倾斜度宜在 25°~70°。尤其适用于雨量充足的气候带和有喷灌设备的场地

挡土墙必须设置排水孔，一般 3 m^2 即设一个直径为 75 mm 的排水孔，墙内宜敷设渗水管，防止墙体内存水。钢筋混凝土挡土墙必须设伸缩缝，配筋墙体每 30 m 设一道，无筋墙体每 10 m 设一道。

（12）台阶

台阶在园林设计中起到不同高程之间的连接作用和引导视线的作用，可丰富空间的层次感，尤其是高差较大的台阶会形成不同的近景和远景效果。

台阶的踏步高度（h）和宽度（b）是决定台阶舒适性的主要参数，两者的关系如下：$2h+b=60\sim66$ cm，一般室外踏步高度设计为 12 cm~16 cm，踏步宽度 30 cm~35 cm，低于 10 cm 的高差，不宜设置台阶，可以考虑做成坡道。

台阶长度超过 3m 或需改变攀登方向的地方，应在中间设置休息平台，平台宽度应大于 1.2 m，台阶坡度一般控制在 1/4~1/7 范围内，踏面应做防滑处理，并保持 1% 的排水坡度。

为了方便人们晚间出行，台阶附近应设照明装置，人员集中的场所可在台阶踏步上暗装地灯。

过水台阶和跌流台阶的阶高可依据水流效果确定，同时也要考虑儿童进入时的防滑处理。

四、景观设计中相关规范的说明

（一）《公园设计规范》

《公园设计规范》（以下简称《公园规范》）是于 1992 年 6 月由中华人民共和国建设部发布的行业标准，编号 CJJ 48—1992，自 1993 年 1 月 1 日起施行。该《公园规范》在指导我国的公园建设方面起到了重要作用。

《公园规范》共七章，内容涉及公园建设的诸多方面，对公园的内容和规模、总体设计、地形设计、园路及铺装场地设计、种植设计、建筑物及其他设施设计等方面都有较详细的规定。该《公园规范》的出台在我国公园建设史上具有里程碑意义，已对我国的公园建设产生重要影响。

1.《公园规范》的目的

其目的是为了全面发挥公园的游憩功能，起到改善环境的作用，确保公园设计的质量。

2.《公园规范》的适用范围

《公园规范》适用于全国新建、扩建、改建和修复的各类公园设计。居住用地、公共设施用地和特殊用地中的附属绿地设计也可参照执行。

3. 公园设计的基本任务

公园设计必须以创造优美的绿色自然环境为基本任务，并根据公园类型确定其特有的内容。

4. 公园的类型

对于公园的分类，《公园规范》中没有明确的条文规定，但从第 2.2.2 条 ~2.2.11 条的表述中我们可以推断出《公园规范》确定的公园类型有综合性公园、儿童公园、动物园、植物园、风景名胜公园、历史名园、专类公园、居住区公园和居住小区游园、带状公园、街旁游乐园等，当然，随着公园建设的发展，公园的类型也日趋多样，《公园规范》的内容也需要不断地进行修改和补充。

5. 公园总体设计的内容

公园总体设计的内容包括功能或景区划分、景观构想、景点设置、出入口位置、竖向特征及地貌、园路系统、河湖水系、植物布局以及建筑物和构筑物的位置、规模、造型及各专业工程管线系统等。

6. 关于公园的地形设计

地形设计的总原则是因地制宜，但进行一定的地形改造也是必须的。地形设计应以总体设计所确定的各控制点的高程为依据，同时考虑园林景观要求和地表水的排放问题。当改造的地形坡度超过土壤的自然安息角时，应采取护坡、固土或防冲刷的工程措施。

7. 关于园路的设计

园路的功能不仅在于组织交通，更重要的是它能创造丰富多样的景观，因此园路的设计必须与地形、水体、植物、建筑物、铺装场地及其他设施相结合，形成完整的风景构图。园路要创造连续展示园林景观空间或欣赏前方景物的透视线，设计时要注意符合游人的行为规律。

园路设计一定要考虑到排水的工程要求，因此园路都有一定的纵坡和横坡。《公园规范》规定，主路纵坡宜小于 8%，横坡宜小于 3%，粒料路面横坡宜小于 4%；山地公园的园路纵坡应小于 12%，超过 12% 时应做防滑处理；支路和小路的纵坡宜小于 18%，纵坡超过 15% 的路段，路面应做防滑处理，纵坡超过 18% 时，宜按台阶、梯道设计，台阶踏步数不得少于 2 级。

园路的设计还要考虑到残疾人的通行需求，公园出入口及主要园路宜便于通行残疾人使用的轮椅，即无障碍通行。

8. 关于种植设计

绿化种植设计是公园设计的主要内容之一，也是改善公园环境甚至城市环境的一个重要手段。因此，《公园规范》规定公园的绿化用地应全部用绿色植物覆盖。建筑物的墙体、构筑物可布置垂直绿化，在植物种类选择上，应选择适应栽植地段立地条件的当地适生种类，选择具有相应抗性和适应栽植地养护管理条件的种类，以保证植物的成活率。栽植土壤的物理性质也要符合相关要求，否则要进行土壤改良。这些物理特性包括栽植土层必须达到一定的厚度且无大面积不透水层、酸碱度要适宜等。 在一些铺装场地内栽植树木时，场地应采用透气性铺装，且树池的大小要满足树木成年期的根系伸展。栽植乔木、灌木时，要注意其与各种建筑物、构筑物及各种地下管线的距离。

《公园规范》还对游人集中场所、儿童游戏场、动物展览区、植物园展览区等地的植物选择做了专门规定。

9. 关于建筑物及其他设施设计

《公园规范》规定建筑物的位置、朝向、高度、体量、空间组合、造型、材料、色彩及其实用功能，应符合公园总体设计的要求。《公园规范》重点规定了游览、休憩、服务性建筑物的设计，其中既有具体要求，也有一般性要求。如规定建筑层数以一层为宜，室外台阶宽度不宜小于 1.5 m，踏步宽度不宜小于 30 cm，踏步高度不宜大于 16 cm；建筑内部和外缘，凡正常活动范围边缘临空高差大于 1.0 m 处，均设护拦设施，护栏高度应大于 1.05 m 等具体要求。再如规定建筑的吊顶应采用防潮材料；亭、廊、花架、敞厅等供游人坐憩之处，不应采用粗糙的饰面材料，也不宜采用易刮伤肌肤和衣物的构造等一般性要求。

《公园规范》涉及到的其他设施，包括驳岸与山石、电气与防雷设施、给排水设施、护栏及儿童游戏设施等，《公园规范》规定河、湖、水池必须建造驳岸，驳岸分素土驳岸和人工砌筑或混凝土浇筑驳岸两种形式；对于堆叠假山和置石，《公园规范》规定既要满足造景要求，又要统一考虑安全、护坡、登高、隔离等各种功能要求。假山和置石的体量、形式和高度必须与周围环境相协调，假山的石料应提出色彩、质地、纹理等要求，置石的石料还应提出大小和形状等要求。

给排水设计是公园工程设计的重点之一。《公园规范》规定公园设计应根据植物灌溉、喷泉水景、人畜饮用、卫生和消防等需要进行供水管网布置和配套工程设计；人工水体应防止渗漏，瀑布、喷泉等水体应重复利用；公园排放的污水应接入城市污水系统，不得在地表排放，也不得直接排入河、湖水体或渗入地下。

护栏包括装饰性、示意性和安全防护性护栏等几种。护栏的构造做法，严禁采用锐角、利刺等形式，示意性护栏高度不宜超过 0.4 m。

公园内的儿童游戏设施设计，也是《公园规范》规定的内容之一。《公园规范》要求：室内外的各种儿童使用设施、游戏器械和设备应结构坚固、耐用，并避免构造上的硬棱角，其尺度应与儿童的身体尺度相适应，造型、色彩应符合儿童的心理特点等；对于戏水池，其最深处的水深不得超过 0.35 m，池壁装饰材料应平整、光滑且不易脱落，池底应有防滑措施等。

（二）《居住区环境景观设计导则》（试行稿）

《居住区环境景观设计导则》（试行稿，以下简称《导则》）于 2004 年由建设部颁布。《导则》是指导设计单位和开发单位的技术人员正确掌握居住区环境景观设计的理念、原则和方法的指导性文件，它对我国居住区环境景观设计的发展起到了推动作用。

《导则》的内容非常全面，几乎涵盖了居住区环境景观建设的所有方面，涉及道路景观、场所景观、绿化种植景观、雕塑和综合营造等诸多内容。《导则》不仅注重景观的功能性，还考虑到了景观的安全性与长久性，一些规定具体而细致。《导则》使景观设计师有章可循，有助于景观设计师对景观设计项目的整体把握。以下是对《导则》的简要介绍。

1. 设计应坚持五大原则

《导则》提出，居住区设计应坚持五大原则：一是坚持社会性原则，赋予环境景观亲切宜人的艺术感召力，通过美化生活环境，体现社区文化；促进人际交往和精神文明建设，并提倡公共参与设计、建设和管理；二是坚持经济性原则，设计要顺应市场发展需求及地方经济状况，注重节能、节材，注重合理使用土地资源，提倡朴实简约，反对浮华铺张，并尽可能采用新技术、新材料、新设备，达到优良的性价比；三是坚持生态原则，尽量保持现存的良好生态环境，改善原有的不良生态环境，提倡将先进的生态技术运用到环境景观的塑造中去，以利于人类的可持续发展；四是坚持地域性原则，设计应体现所在地域的自然环境特征，因地制宜地创造出具有时代特点和地域特征的空间环境，避免盲目移植；五是坚持历史性原则，要尊重历史，保护和利用历史性景观，对于历史保护地区的住区景观设计，更要注重整体的协调统一，做到保护在先、改造在后。

2. 景观设计九大类

《导则》的景观设计分类是按居住区的居住功能特点和环境景观的组成元素划分的，不同于狭义的园林绿化，它以景观来塑造人的交往空间形态，突出了“场所＋景观”的设计原则。《导则》将居住区环境景观分为九大类，即绿化种植景观、道路景观、场所景观、硬质景观、水景景观、庇护性景观、模拟化景观、高视点景观、照明景观等。同时，《导则》还将设计元素根据其不同特征分为功能类元素、园艺类元素和表象类元素，每一类景观又由若干设计元素组成。

3. 绿化应注意三大标准

《导则》提出要对居住区绿化进行分类指导。在宅旁绿化方面，《导则》提出宅旁绿地应贴近居民，并具有通达性和实用观赏性。宅旁绿地的种植应考虑建筑物的朝向（如在华北地区，建筑物南面不宜种植过密，以免影响通风和采光），在近窗处不宜种高大灌木；而在建筑物的西面，需要种植高大阔叶乔木，这对夏季降温有明显的作用。宅旁绿地应设计方便居民行走及逗留的适量硬质铺地，并配植耐践踏的草坪。阴影区宜种植耐阴植物。隔离绿化中，居住区道路两侧应栽种乔木、灌木和草本植物，以减少交通造成的尘土、噪声及有害气体，利于沿街住宅室内保持安静和卫生。

行道树应尽量选择枝冠水平伸展的乔木，能起到遮阳降温作用。公共建筑与住宅之间应设置隔离绿地，多用乔木和灌木构成浓密的绿色屏障，以保持居住区的安静。居住区内的垃圾站、锅炉房、变电站、变电箱等欠美观地区可用灌木或乔木加以隐蔽。

屋顶绿化方面，建筑屋顶自然环境与地面有所不同，其日照、温度、风力和空气成分等随建筑物高度而变化。屋顶绿地分为坡屋面绿化和平屋面绿化两种，应根据屋顶自然条件种植耐旱、耐移栽、生命力强、抗风力强、外形较低矮的植物。坡屋面多选择贴伏状藤本或攀缘植物；平屋顶以种植观赏性较强的花木为主，并适当配置水池、花架等小品，形成周边式和庭院式绿化。屋顶绿化数量和建筑小品的放置位置，需经过屋面荷载计算确定。

4. 公共绿地率不能低于 30%

《导则》提出，新建居住区公共绿地率应大于等于 30%。《导则》明确指出，居住区公共绿地应根据居住区不同的规划组织结构类型设置相应的中心公共绿地，包括居住区公园（居住区级）、小游园（小区级）和组团绿地（组团级），以及儿童游戏场和其他的块状、带状公共绿地等。公共绿地指标应根据居住区人口规模分别达到：组团级不少于 0.5 m^2 / 人；小区级（含组团）不少于 1 m^2 / 人；居住区级（含小区或组团）不少于 1.5 m^2/ 人。绿地率指标，新区建设应大于等于 30%；旧区改造应大于等于 25%；种植成活率应大于等于 98%。道路交叉口处种植树木时，必须留出非植树区，以保证行车的安全视距，即在该视野范围内不应栽种高于 1 m 的植物，而且不得妨碍交叉口路灯的照明，为交通安全创造良好条件。

植物配置的原则，一是适应绿化的功能要求，适应所在地区的气候、土壤条件和自然植被分布特点，选择抗病虫害强、易养护管理的植物，体现良好的生态环境和地域特点；二是充分发挥植物的各种功能和观赏特点，对其进行合理配置，常绿与落叶、速生与慢生相结合，构成多层次的复合生态结构，使人工配置的植物群落自然和谐；三是植物品种的选择要在统一的基调上力求丰富多样；四是要注重种植位置的选择，以免影响室内的采光、通风和其他设施的管理维护。适于居住区种植的植物可分为六类：乔木、灌木、藤本植物、草本植物、花卉及竹类。

5. 居住区建设给古树名木“让路”

《导则》提出，居住区建设要注意古树名木的保护。古树指树龄在一百年以上的树木；名木指国内外稀有的以及具有历史价值和纪念意义或具有重要科研价值的树木。古树名木分为一级和二级，凡是树龄在 300 年以上，或特别珍贵稀有，或具有重要历史价值和纪念意义、具有重要科研价值的古树名木为一级；其余为二级。

《导则》提出，新建、改建、扩建的建设工程影响古树名木生长的，建设单位必须提出避让和保护措施。国家严禁砍伐、移植古树名木，或转让买卖古树名木。在绿化设计中要尽量体现古树名木的历史文化价值，丰富环境的文化内涵。古树名木保护范围的划定必须符合下列要求：一是成行地带外绿树树冠垂直投影及其外侧 5 m 宽和树干基部外缘水平距离为树胸径 20 倍以内；二是保护范围内不得损坏表土层和改变地表高程，除保护及加固设施外，不得设置建筑物、构筑物及架（埋）设各种过境管线，不得栽植缠绕古树名木的藤本植物；三是保护区维护附近，不得设置危及古树名木的有害水、气设施；四是采取有效的工程技术措施，创造良好的生态环境，维护古树名木的正常生长。

6. 设立儿童游乐设施

《导则》制定了居住区中儿童游乐设施的设置标准。《导则》提出，儿童游乐场应该在景观绿地中划出固定的区域，一般均为开敞式。游乐场地必须阳光充足、空气清新，能避开强风的袭扰，应与居住区的主要交通道路相隔一定距离，以减少汽车噪声的影响并保障儿童的安全。游乐场的选址还应充分考虑儿童活动时产生的嘈杂声对附近居民的影响，游乐场以离开居民窗户 10 m 远为宜。儿童游乐场周围不宜种植遮挡视线的树木，宜保持较好的透视性，便于成人对儿童进行目光监护。儿童游乐场设施的选择应能吸引和调动儿童参与游戏的热情，并兼顾实用性与美观性，其色彩可鲜艳但应与周围环境相协调。游戏器械的选择和设计应尺度适宜，避免儿童被器械划伤或从高处跌落，可设置保护栏、地垫、警示牌等。在涉水池设计方面，《导则》提出涉水池可分水面下涉水和水面上涉水两种。水面下涉水主要用于儿童嬉水，其深度不得超过 0. 3 m，池底必须进行防滑处理，不能种植苔藻类植物，水面上涉水主要用于儿童跨越水面，应设置安全可靠的踏步平台和踏步石，平台尺寸不小于 0. 4 m ×0.4 m，并要满足连续跨越的要求。上述两种涉水方式均应设水质过滤装置，保持水的清洁，以防儿童误饮池水。

居住区泳池设计必须符合游泳池设计的相关规定。泳池根据功能不同应尽可能分为儿童泳池和成人泳池，儿童泳池深度以 0.6 m~0. 9 m 为宜，成人泳池深度为 1.2 m。儿童池与成人池可统一考虑设计，一般将儿童泳池放在较高位置，水经阶梯式或斜坡式跌水流入成人泳池，既保证了安全性又可丰富泳池的造型。

7. 应设置隔声墙防噪

《导则》提出，要注重住区环境的综合营造，并对居住区的整体环境提出了具体的要求。光环境方面，住区休闲空间应争取良好的采光环境，以有助于居民的户外活动；在气候炎热地区，需考虑足够的荫庇构筑物，以方便居民交往活动；选择硬质、软质材料时，需考虑对光的不同反射程度，并用以调节室外居住空间受光面与背光面的不同光线要求；住区小品设施设计时应避免采用大面积的金属、玻璃等高反射性材料，减少住区光污染；户外活动场地布置时，其朝向需考虑减少眩光。

通风环境方面，住区住宅建筑的排列应有利于自然通风，不宜形成过于封闭的围合空间，要做到疏密有致、通透开敞。为调节住区内部的通风排浊效果，应尽可能扩大绿化种植面积，适当增加水面面积，这样有利于调节通风量的强弱；户外活动场地设置应根据当地不同季节的主导风向，有意识地通过建筑、植物、景观设计来疏导自然气流。

声环境方面，城市住区的白天噪声允许值宜小于等于 45 dB，夜间噪声允许值宜小于等于 40 dB。靠近噪声污染源的住区应通过设置隔声墙、人工筑坡、植物种植、水景造型、建筑屏障等进行防噪。

建筑外立面处理中，形体上住区建筑的立面设计提倡简洁的线条和现代风格，并反映建筑的个性；材质上鼓励建筑设计中选用美观经济的新材料，通过材质变化及对比来丰富外立面，外墙材料选择时需注重防水处理；色彩上居住建筑宜以淡雅、明快为主。住宅建筑外立面设计应考虑室外设施的位置，保持住区景观的整体效果。

（三）《城市紫线管理办法》

保护城市历史文化街区和历史建筑是弘扬民族文化、提高环境质量、促进社会和谐的重要措施之一。2003 年 11 月，建设部颁布了《城市紫线管理办法》（以下简称《紫线管理办法》），该《紫线管理办法》的出台，对于加强城市历史文化街区和历史建筑的保护起到了重要作用。了解《紫线管理办法》，主要应了解城市紫线的概念、划定紫线应遵循的原则以及在紫线范围内不得从事的活动等内容，下面就这几方面的内容分别加以介绍。

1. 城市紫线的概念

《紫线管理办法》第二条明确规定，所谓城市紫线是指国家历史文化名城内的历史文化街区和省、自治区、直辖市人民政府公布的历史文化街区的保护范围界限，以及历史文化街区外经县级以上人民政府公布保护的历史建筑的保护范围界限。城市紫线的明确规定，是保护城市历史文化街区和历史建筑的一个重要步骤，也是国家保护历史文化名城的一个重要措施，它的重要性在编制城市规划时就应该体现出来。

2. 划定紫线应当遵循的原则

《紫线管理办法》第六条规定，划定紫线应当遵循以下三个原则：一是历史文化街区的保护范围应当包括历史建筑物、构筑物和由其风貌环境所组成的核心地段，以及为确保该地段的风貌、特色的完整性而必须进行建设控制的地区；二是历史建筑的保护范围应当包括历史建筑本身和必要的风貌协调区；三是控制范围清晰，附有明确的地理坐标及相应的界址地形图。

这些原则主要强调了历史文化街区和历史建筑的保护范围，即紫线的范围，这是历史文化名城保护规划中的重要内容。

3. 在城市紫线范围内禁止的活动

为了确保历史文化街区和历史建筑不受人为破坏，在城市紫线范围内一些活动被禁止，这些被禁止的活动包括：违反保护规划的大面积拆除、开发；对历史文化街区传统格局和风貌构成影响的大面积改建；损坏或者拆毁保护规划确定保护的建筑物、构筑物和其他设施；修建破坏历史文化街区传统风貌的建筑物、构筑物和其他设施；占用或者破坏保护规划确定保留的园林绿地、河湖水系、道路和古树名木，以及其他对历史文化街区和历史建筑的保护构成破坏性影响的活动。

（四）《城市绿化规划建设指标的规定》

《城市绿化规划建设指标的规定》（以下简称《绿化规定》）由建设部建成（1993）784 号文发布，1994 年 1 月 1 日起实施。该《绿化规定》对加强城市绿化规划管理、提高城市绿化水平起到了很好的作用。

《绿化规定》主要对三类城市绿化规划指标进行了规定，这三类指标包括人均公共绿地面积、城市绿化覆盖率和城市绿地率等。

1. 公共绿地的统计口径及人均公共绿地面积的计算方法

《绿化规定》指出，公共绿地是指向公众开放的市级、区级、居住区级公园、小游园、街道广场绿地，以及植物园、动物园、特种公园等。公共绿地面积是指城市各类公共绿地面积之和。

人均公共绿地面积是指城市中每个居民平均占有公共绿地的面积。

人均公共绿地面积（m^2 / 人）= 城市公共绿地总面积 (m^2) ÷ 城市非农业人口（人）

2. 绿化覆盖面积的统计口径及城市绿化覆盖率的计算方法

城市建成区内绿化覆盖面积应包括各类绿地（公共绿地、居住区绿地、单位附属绿地、防护绿地、生产绿地、风景林地六类绿地）的实际绿化种植覆盖面积（含被绿化种植包围的水面）、街道绿化覆盖面积、屋顶绿化覆盖面积以及零散树木的覆盖面积。

城市绿化覆盖率是指城市绿化覆盖面积占城市面积的比率。

城市绿化覆盖率（%）= 城市内全部绿化种植垂直投影面积 ÷ 城市面积 ×100%

3. 城市绿地的统计口径及城市绿地率的计算方法

城市绿地包括公共绿地、居住区绿地、单位附属绿地、防护绿地、生产绿地、风景林地六类。城市绿地率是指城市各类绿地总面积占城市面积的比率。

城市绿地率 (%) = 城市六类绿地面积之和 ÷ 城市面积 ×100%

（五）《国家城市湿地公园管理办法》（试行）

《国家城市湿地公园管理办法》（试行，以下简称《湿地公园管理办法》）由建设部于2005年2月2日发布，并于同日生效。它在加强城市湿地公园的保护管理、维护生态平衡、营造优美舒适的人居环境、推动城市可持续发展等方面都发挥了重要作用。

1. 湿地和城市湿地公园的概念

《湿地公园管理办法》第二条明确规定，湿地是指天然或人工、长期或暂时之沼泽地、泥炭地，带有静止或流动的淡水、半咸水或咸水的水域地带，包括低潮位不超过 6 m 的水域；城市湿地公园是指利用纳入城市绿地系统规划的适宜作为公园的天然湿地类型，通过合理的保护利用，形成集保护、科普、休闲等功能于一体的公园。

2. 申请设立国家城市湿地公园的条件

《湿地公园管理办法》第三条规定，申请设立国家城市湿地公园的湿地必须具备下列条件：其一，能供人们观赏、游览、开展科普教育和科学文化活动，并具有较高的保护、观赏、文化和科学价值的；其二，纳入城市绿地系统规划范围的；其三，占地 500 亩以上能够作为公园的；其四，具有天然湿地类型的，或具有一定的影响及代表性的。

3. 国家城市湿地公园的保护原则及具体贯彻措施

国家城市湿地公园的保护，除应遵守国家与湿地的有关法律、法规，认真执行国家有关政策，遵守有关湿地保护的国际公约外，还应坚持以生态效益为主，维护生态平衡，保护湿地区域内生物多样性及湿地生态系统结构与功能的完整性与自然性。在对其进行全面保护的基础上，合理开发利用，充分发挥湿地的社会效益。湿地公园的建设应以不破坏湿地的自然良性演替为前提。在具体贯彻上述保护原则时，城市湿地公园管理机构和有关部门应采取有力措施，严禁破坏水体，切实保护好动植物的生长条件和生存环境。政府和有关部门不得在国家城市湿地公园以及保护地带的重要地段内设立开发区、度假区，不得出让土地，严禁出租、转让湿地资源，禁止建设污染环境、破坏生态的项目和设施。同时，禁止任何单位和个人在国家城市湿地公园内从事挖湖采沙、围湖造田、开荒取土等改变地貌和破坏环境、破坏景观的活动。

（六）《关于建设节约型城市园林绿化的意见》

《关于建设节约型城市园林绿化的意见》（以下简称《园林绿化意见》）由建设部于2007年8月30日发布。该《园林绿化意见》的发布具有很强的针对性，也符合党中央和国务院一直倡导的建设节约型社会的目标和要求。该《园林绿化意见》主要是针对一些地方违背生态发展和建设的科学规律，急功近利，盲目追求建设所谓的“森林城市”，大量引进外来植物、移种大树、古树等高价建绿，铺张浪费等现象而发布的。《园林绿化意见》的发布必将在一定程度上保护城市所依托的自然环境和生态资源免遭破坏，最终使我国的城市园林绿化事业朝可持续的方向发展。

1. 建设节约型城市园林绿化的含义

《园林绿化意见》指出，建设节约型城市园林绿化就是要按照自然资源和社会资源循环与合理利用的原则，在城市园林绿化规划设计、建设施工、养护管理、健康持续发展等各个环节中最大限度地节约各种资源，提高资源利用效率，减少资源消耗浪费，以获取最大的生态效益、社会效益和经济效益。

2. 建设节约型城市园林绿化的指导思想

《园林绿化意见》指出，建设节约型城市园林绿化的指导思想是：按照建设资源节约型、环境友好型社会的要求，全面落实科学发展观，因地制宜、合理投入、生态优先、科学建绿，将节约理念贯穿于规划、建设、管理的全过程，引导和实现城市园林绿化发展模式的转变，促进城市园林绿化的可持续发展。

3. 建设节约型城市园林绿化的基本原则

《园林绿化意见》指出，建设节约型城市园林绿化的基本原则有以下四点：

（1）坚持提高土地使用效率的原则。通过改善植物配置、增加乔木种植量等措施，努力增加单位绿地生物链，提高土地的使用效率和产出效益。

（2）坚持提高资金使用效率的原则。通过科学规划、合理设计、积极投入、精心管理等措施，降低建设成本和养护成本，提高资金使用效率。

（3）坚持政府主导、社会参与的原则。强化政府在资源协调、理念引导、规划控制、政策保障和技术推广等方面的作用，积极引导、推动全社会广泛参与，在全社会树立节约型、生态型、可持续发展的园林绿化理念。

（4）坚持生态优先、功能协调的原则。以争取城市绿地生态效益最大化为目标，通过城市绿地与历史、文化、美学、科技的融合，实现城市园林绿化生态、景观、游憩、科教、防灾等多种功能的协调发展。

4. 建设节约型城市园林绿化的主要措施

《园林绿化意见》指出，建设节约型城市园林绿化的主要措施有以下几点：

（1）严格保护现有绿化成果。保护现有绿地是建设节约型园林绿化的前提，要加强对城市所依托的山坡林地、河湖水系、湿地等自然生态敏感区域的保护，维持城市地域自然风貌。

（2）反对过分改变自然形态的人工化、城市化倾向。在城市开发建设中，要保护原有树木，特别要严格保护大树、古树；在道路改造过程中，反对盲目地大规模更换树种和绿地改造，禁止随意砍伐和移植行道树；坚决查处侵占、毁坏绿地和随意改变绿地性质等破坏城市绿化的行为。

（3）合理利用土地资源。土地资源是城市园林绿化的基础。要确保城市园林绿化用地，同时按照节约和集约利用土地的原则，合理规划园林绿化建设用地。在有效整合城市土地资源的前提下，尽最大可能满足城市绿化建设用地的需求；在建设中要尽可能保持原有的地形地貌特征，减少客土使用，反对盲目改变地形地貌、造成土壤浪费的建设行为；通过合理配置绿化植物、改良土壤等措施，实现植物正常生长与土壤功效的提高。

（4）加强科学规划设计。要通过科学的植物配置，增加乔灌木、地被植物的种植量，努力增加单位绿地生物量，充分利用有限的土地资源，实现绿地生态效益的最大化。要适当降低草坪的比例，减少雕塑等建筑小品和大型喷泉的使用。对现有草坪面积过大的绿地，要合理补植乔灌木、地被植物和宿根花卉。要加强城市绿化隔离带、城市道路分车带和行道树的绿化建设，增加隔离带上乔木种植的比重，建设林荫道路。要推广立体绿化，在一切可以利用的地方进行垂直绿化，有条件的地区要推广屋顶绿化。

（5）推动科技进步要加大节约型园林绿化各项相关技术的攻关力度，针对不同地区建设节约型园林绿化的突出矛盾和优势，建设一批示范工程，对相关的新技术、新工艺、新设备、新材料等研究成果，进行广泛推广和应用。要加大对园林绿化科研工作的投入，落实科研经费，充实科研队伍，增强科研人员的素质，提高科学研究和成果推广能力，推动城市开展节约型园林绿化工作。

（6）积极提倡应用乡土植物。在城市园林绿地建设中，要优先使用成本低、适应性强、本地特色鲜明的乡土树种，积极利用自然植物群落和野生植被，大力推广宿根花卉和自播能力较强的地被植物，营造具有浓郁地方特色和郊野气息的自然景观。反对片面追求树种高档化与不必要的反季节种树，以及引种不适合本地生长的外来树种等倾向。要推进乡土树种和适生地被植物的选优、培育和应用，培养一批耐旱、耐碱、耐阴、耐污染的树种。

（7）大力推广节水型绿化技术。在水资源匮乏的地区，推广节水型绿化技术是必然选择。要加快研究和推广使用节水耐旱植物的步伐；推广使用微喷灌、滴灌、渗灌等先进的节水技术，科学合理地调整灌溉方式；积极推广使用中水；注重雨水拦蓄利用，探索建立集雨型绿地。

（8）实施自然生态建设要积极推进城市河道、景观水体护坡驳岸的生态化、自然化建设与修复。建设生态化广场和停车场，尽量减少硬质铺装的比例，植树造荫。铺装地面尽量采用透气透水的环保型材料，提高环境效益。鼓励利用城市湿地进行污水净化。通过堆肥、发展生物质燃料、有机营养基质和深加工等方式处理被修剪下来的树枝，可以减少占用垃圾填埋库容，实现循环利用。坚决纠正在绿地中过多使用高档材料、配置昂贵灯具、种植假树假花等不良倾向。

（七）《公路环境保护设计规范》

《公路环境保护设计规范》（编号 JTT 006—1998，以下简称《公路规范》），作为推荐性行业标准，由中华人民共和国交通部于 1998 年 7 月 21 日发布，于 1998 年 12 月 1 日起施行。

《公路规范》的第六部分是关于公路景观与绿化的规定，以下主要介绍此部分内容。

1. 公路景观与绿化的含义和范围

《公路规范》所指的公路景观是指公路路线、桥梁、隧道、互通式立交、沿线设施等人工构造物同公路通过地带的自然景观与人文景观相互融合后构成的景观。

《公路规范》所指的绿化是指公路沿线及互通式立交桥、服务区等公路用地范围内的绿化。

2. 公路景观与绿化设计的原则

（1）应结合自然环境、经济条件、公路构造物的特点，因路制宜进行公路景观与绿化设计，形成同自然景观相协调的建筑群体。

（2）应充分利用绿化缓解因修建公路给沿线带来的各种影响。有条件时应结合防护工程进行绿化设计，保护自然环境，改善景观。

（3）公路两侧的绿化设计，应结合车速与视点不断移动的特点，考虑视觉与心理效果，做到尽量与周围景观、自然环境相协调。应注重高速公路服务区、管理区的景观与绿化设计，应结合地形、地区的特点，尽量改善环境，协调景观。对以保护自然环境为目的的绿化设计，应充分结合地区特性、沿线条件进行设计。

3. 公路景观设计的基本要求

（1）根据工程及沿线区域环境特征或行政区划等，宜将公路划分为若干景观设计路段，在各景观设计路段中宜选择大型构造物和沿线有特色的景物作为设计景点。公路景观设计尽可能做点、线、面兼顾，整体统一，使公路与沿线景观相协调。

（2）公路上的各种人工构造物的造型与色彩应考虑景观效果和驾驶者的视觉效果，尽可能减少或消除各种构造物对自然景观的不利影响。

（3）有条件时，应充分利用各种人工构造物和绿化来补偿、改善公路沿线景观，并结合不同路段的区域环境特征形成其特有的风格。

（4）应合理组织路线的平面、纵面、横面，保证线形流畅、视野开阔。

（5）应利用公路沿线的设施和各种人工构造物，诱导驾驶者视线，预告公路前方路况的变化，以便于驾驶者适时采取安全行驶措施。

4. 公路景观设计要点

公路景观设计主要从以下三个方面考虑：

（1）公路上的桥梁、互通式立交、隧道和服务区、管理设施等作为一个景点，设计时应使构造物本身各部位比例协调。

（2）各景点设计路段应充分结合工程和自然景观，宜具有一定风格，且与地域景观协调一致。各景观设计路段之间的过渡应自然。

（3）应充分利用公路通过地带的自然景观点和人工景观点进行设计：

①利用孤立大树、独立山丘、古建筑等作为点缀；

②公路绕避风景区或独立景观点时，宜将风景区或独立景观点布设于曲线的内侧；

③公路穿过林地、果园、绿地时，宜以曲线通过；

④服务区宜充分利用海滨、湖滨、风景名胜地等设置。

5. 公路绿化设计形式

公路绿化设计按功能分为保护环境绿化和改善环境绿化两类。

（1）保护环境绿化。通过绿化栽植以降噪、防尘、保持水土、稳定边坡，其中绿化栽植包括以下三种栽植形式：

①防护栽植。在风大的公路沿线或多雪地带，有条件时宜栽植防护带；

②防污栽植。在学校、医院、疗养院、住宅区附近，宜栽植防噪、防气体污染林带；

③护坡栽植。公路路基、弃土堆、隔声堆筑体等边坡坡面应绿化，保持水土以增进边坡稳定。

（2）改善环境绿化。通过绿化栽植改善视觉环境，增进行车安全。绿化栽植又包括以下几种栽植形式：

①诱导栽植。在小半径竖曲线顶部且平面线形左转弯的曲线路段。应在平曲线外侧以行植方式栽植中树或高树；

②过渡栽植。可在隧道洞口外两端光线明暗急剧变化段栽植高大乔木予以过渡；

③防眩栽植。在重要分割带、主道与辅道或平行的铁路之间，可栽植常绿灌木、矮树

等以隔断对向车流的眩光；

④缓冲栽植。在低填方且没有设护栏的路段或互通式立交出口端部，可栽植一定宽度的密集灌木或矮树；

⑤遮蔽栽植。对公路沿线各种影响视觉景观的物体宜栽植中低树进行遮蔽；公路声屏障宜采用攀缘植物予以绿化和遮蔽。

⑥标识栽植。当沿线景观、地形缺少变化，难以判断所经地点时，宜栽植有别于沿途植被的树木等，形成明显标识，预告设施位置。

⑦隔离栽植。在公路用地边缘的隔离栏内侧，宜栽植刺篱类、常绿灌木及攀缘植物等，防止人或动物进入。

6. 公路绿化树种的选择

公路绿化常用树种应根据气候、土壤、防污染要求等因素进行选择：

（1）满足绿化设计功能的要求。

（2）具有较强的抗污染和净化空气的功能。

（3）具有苗期生长快、根系发枝性好、能迅速稳定边坡的能力。

（4）易繁殖、移植和管理，抗病虫害能力强。

（5）具有良好的景观效果，能与附近的植被和景观协调。

（八）规范名录

为了更好地学习景观设计的相关规定，发挥学生的自主学习能力，我们将景观设计中可能涉及到的规范名录做以总结，具体如下：

《城市居住区规划设计规范》(GB 50180—93)

《民用建筑设计通则》(GB 0352—2005)

《城市道路和建筑物无障碍设计规范》(JGJ 50—2001)

《住宅建筑规范》(GB 50368—2005)

《城市道路绿化规划与设计规范》(CJJ 75—97)

《风景名胜区规划规范》（GB 50298—1999）

《公园设计规范》（CJJ 48—92）

《园林基本术语标准》

《城市紫线管理办法》

《总图制图标准》(GB/T 50103—2001)

《城市规划制图标准》(CJJ/T 97—2003)

《风景园林制图图示标准》(CJJ 67—95)

第三节　景观设计中的识图图解

一、施工图的重要性及作用

施工图作为景观工程设计的组成部分，具有很重要的作用。如果说方案和初步设计的重点在于确定想做什么，那么施工图设计的重点则在于如何做。

施工图最简单的解释是指导施工的依据，也就是在工程正式施工前，设计人员在图纸上将工程以图纸语言符号预先完整地实施一遍。

施工图是工程技术界的通用语言、相关工程技术人员进行信息传递的载体、具有法律效力的正式文件、景观工程重要的技术档案。设计人员可以通过施工图表达设计意图和设计要求；施工人员则通过熟悉图纸、理解设计意图后，按图施工。同时，施工图也是工程量计量及成本测算和控制的依据。

二、读图的程序及方法

阅读图纸时，如果不注意方法，不分先后及主次将无法快速、准确地获取图纸信息。一般读图的方法为：从整体到局部，再由局部到整体，互相对照，逐一核实。

（1）先看图纸目录，了解本套图纸的设计单位、项目名称、图纸数量、图纸类别等信息。

（2）按照图纸目录检查图纸是否齐全，图纸编号与图纸是否相符。

（3）阅读各类图纸的设计说明，了解工程概况、工程特点及相关技术规范。

（4）阅读施工图纸。按照总体规划平面图、平面索引图、竖向设计图、平面定位总图、植物种植设计图、施工详图等图纸的顺序进行阅读。

以下为图纸实例（见图 2-3-1 ～图 2-3-10）。

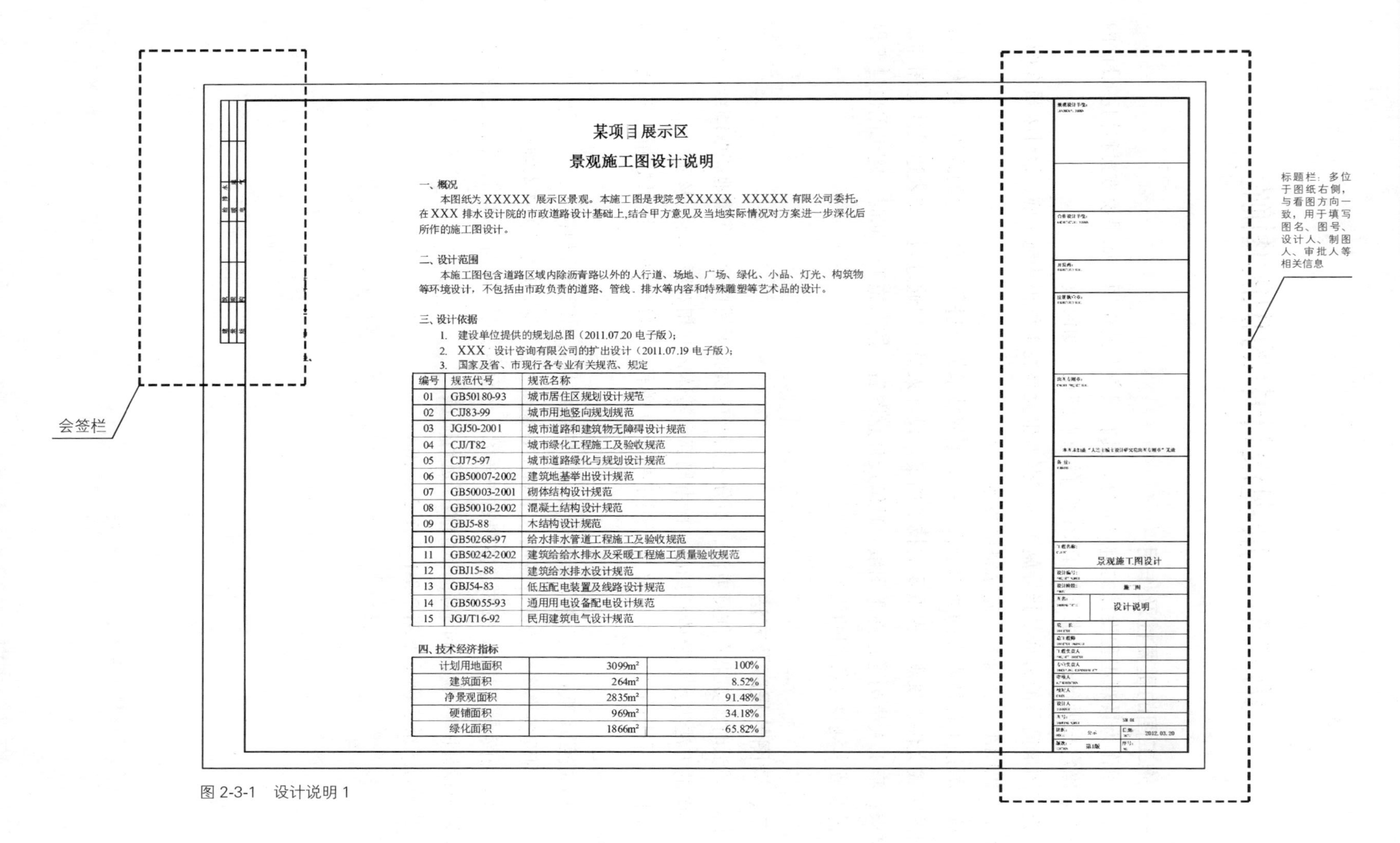

某项目展示区

景观施工图设计说明

一、概况

本图纸为 XXXXX 展示区景观。本施工图是我院受XXXXX XXXXX 有限公司委托，在XXX 排水设计院的市政道路设计基础上，结合甲方意见及当地实际情况对方案进一步深化后所作的施工图设计。

二、设计范围

本施工图包含道路区域内除沥青路以外的人行道、场地、广场、绿化、小品、灯光、构筑物等环境设计，不包括由市政负责的道路、管线、排水等内容和特殊雕塑等艺术品的设计。

三、设计依据

1. 建设单位提供的规划总图（2011.07.20 电子版）；
2. XXX 设计咨询有限公司的扩出设计（2011.07.19 电子版）；
3. 国家及省、市现行各专业有关规范、规定

编号	规范代号	规范名称
01	GB50180-93	城市居住区规划设计规范
02	CJJ83-99	城市用地竖向规划规范
03	JGJ50-2001	城市道路和建筑物无障碍设计规范
04	CJJ/T82	城市绿化工程施工及验收规范
05	CJJ75-97	城市道路绿化与规划设计规范
06	GB50007-2002	建筑地基举出设计规范
07	GB50003-2001	砌体结构设计规范
08	GB50010-2002	混凝土结构设计规范
09	GBJ5-88	木结构设计规范
10	GB50268-97	给水排水管道工程施工及验收规范
11	GB50242-2002	建筑给给水排水及采暖工程施工质量验收规范
12	GBJ15-88	建筑给水排水设计规范
13	GBJ54-83	低压配电装置及线路设计规范
14	GB50055-93	通用用电设备配电设计规范
15	JGJ/T16-92	民用建筑电气设计规范

四、技术经济指标

计划用地面积	3099m²	100%
建筑面积	264m²	8.52%
净景观面积	2835m²	91.48%
硬铺面积	969m²	34.18%
绿化面积	1866m²	65.82%

图 2-3-1 设计说明 1

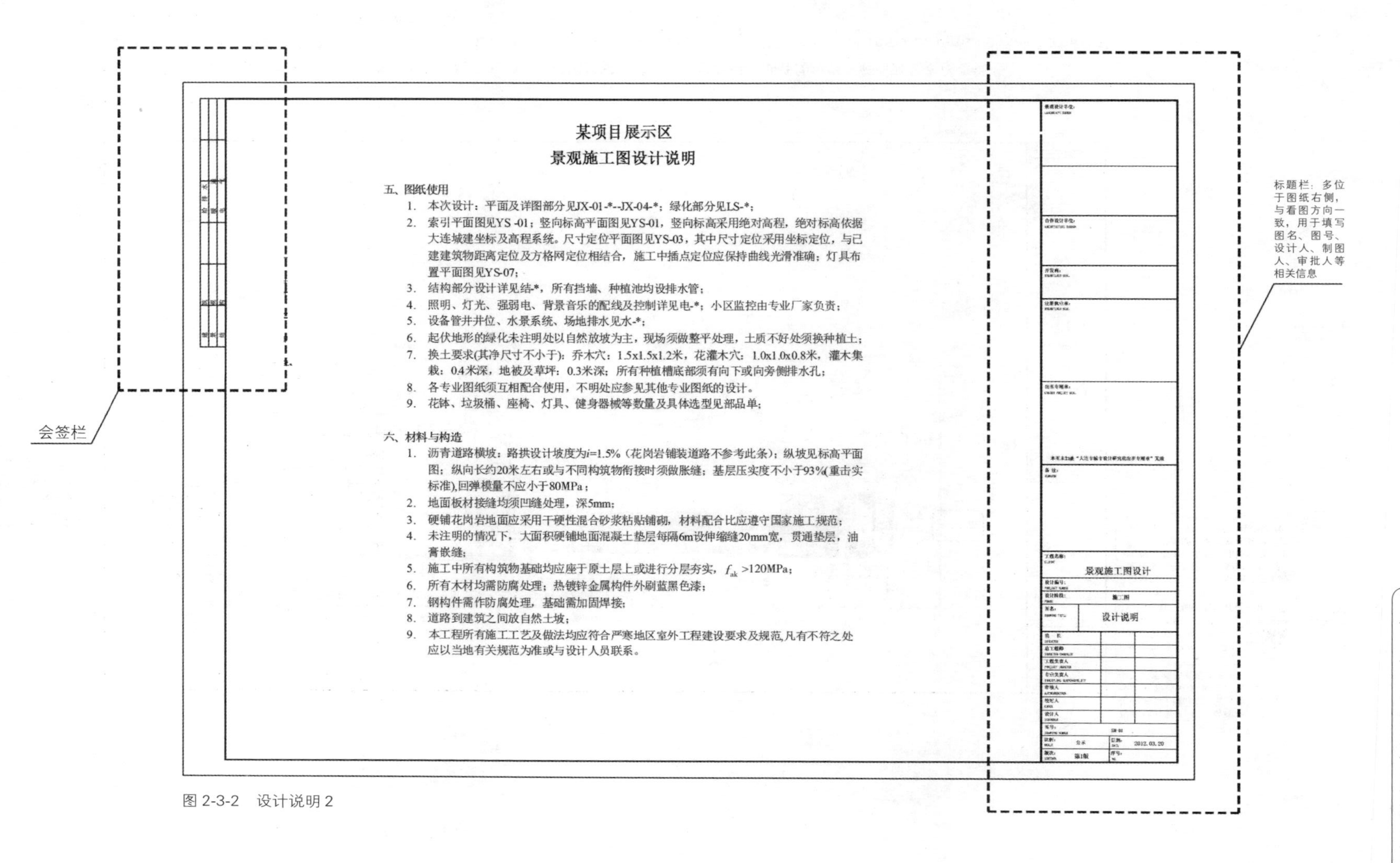

某项目展示区
景观施工图设计说明

五、图纸使用
1. 本次设计：平面及详图部分见JX-01-*--JX-04-*；绿化部分见LS-*；
2. 索引平面图见YS -01；竖向标高平面图见YS-01，竖向标高采用绝对高程，绝对标高依据大连城建坐标及高程系统。尺寸定位平面图见YS-03，其中尺寸定位采用坐标定位，与已建建筑物距离定位及方格网定位相结合，施工中插点定位应保持曲线光滑准确；灯具布置平面图见YS-07；
3. 结构部分设计详见结-*，所有挡墙、种植池均设排水管；
4. 照明、灯光、强弱电、背景音乐的配线及控制详见电-*；小区监控由专业厂家负责；
5. 设备管井井位、水景系统、场地排水见水-*；
6. 起伏地形的绿化未注明处以自然放坡为主，现场须做整平处理，土质不好处须换种植土；
7. 换土要求(其净尺寸不小于)：乔木穴：1.5x1.5x1.2米，花灌木穴：1.0x1.0x0.8米，灌木集栽：0.4米深，地被及草坪：0.3米深；所有种植槽底部须有向下或向旁侧排水孔；
8. 各专业图纸须互相配合使用，不明处应参见其他专业图纸的设计。
9. 花钵、垃圾桶、座椅、灯具、健身器械等数量及具体选型见部品单；

六、材料与构造
1. 沥青道路横坡：路拱设计坡度为i=1.5%（花岗岩铺装道路不参考此条）；纵坡见标高平面图；纵向长约20米左右或与不同构筑物衔接时须做胀缝；基层压实度不小于93%(重击实标准),回弹模量不应小于80MPa；
2. 地面板材接缝均须凹缝处理，深5mm；
3. 硬铺花岗岩地面应采用干硬性混合砂浆粘贴铺砌，材料配合比应遵守国家施工规范；
4. 未注明的情况下，大面积硬铺地面混凝土垫层每隔6m设伸缩缝20mm宽，贯通垫层，油膏嵌缝；
5. 施工中所有构筑物基础均应座于原土层上或进行分层夯实，f_{ak} >120MPa；
6. 所有木材均需防腐处理；热镀锌金属构件外刷蓝黑色漆；
7. 钢构件需作防腐处理，基础需加固焊接；
8. 道路到建筑之间放自然土坡；
9. 本工程所有施工工艺及做法均应符合严寒地区室外工程建设要求及规范,凡有不符之处应以当地有关规范为准或与设计人员联系。

图 2-3-2　设计说明 2

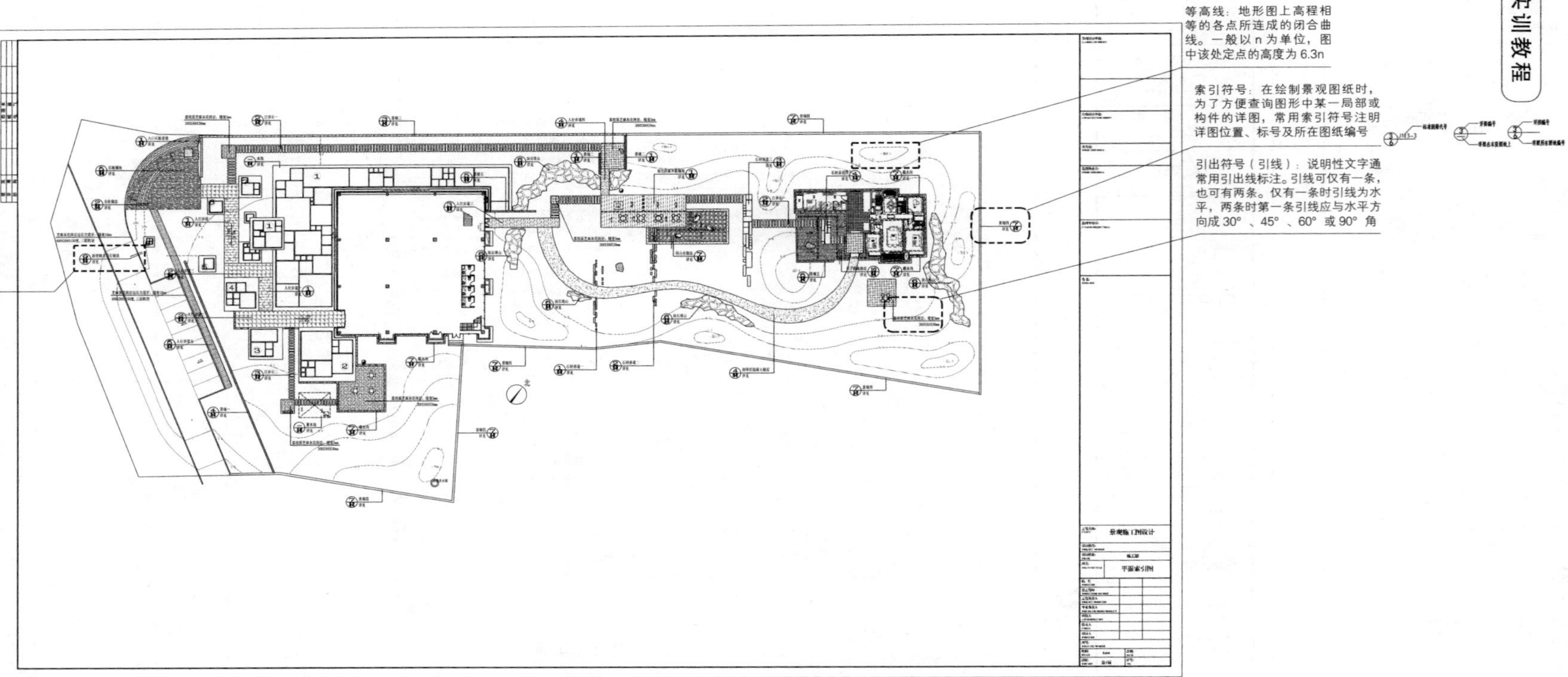

图 2-3-3　平面索引图

1. 本页为平面索引图，主要为了方便查询图面上某一局部或构件的详图样式，常常用索引符号注明详图位置、符号及所在图纸编号；

2. 本页中还具体标注了相关地面铺装的材料及尺寸，例如，荔枝面芝麻灰花岗岩，缝宽 5 mm，300 mm × 300 mm × 30 mm，表示的即为该休息平台处的铺装采用长度为 300 mm、宽度为 300 mm、厚度为 30 mm 的荔枝面芝麻灰花岗岩。

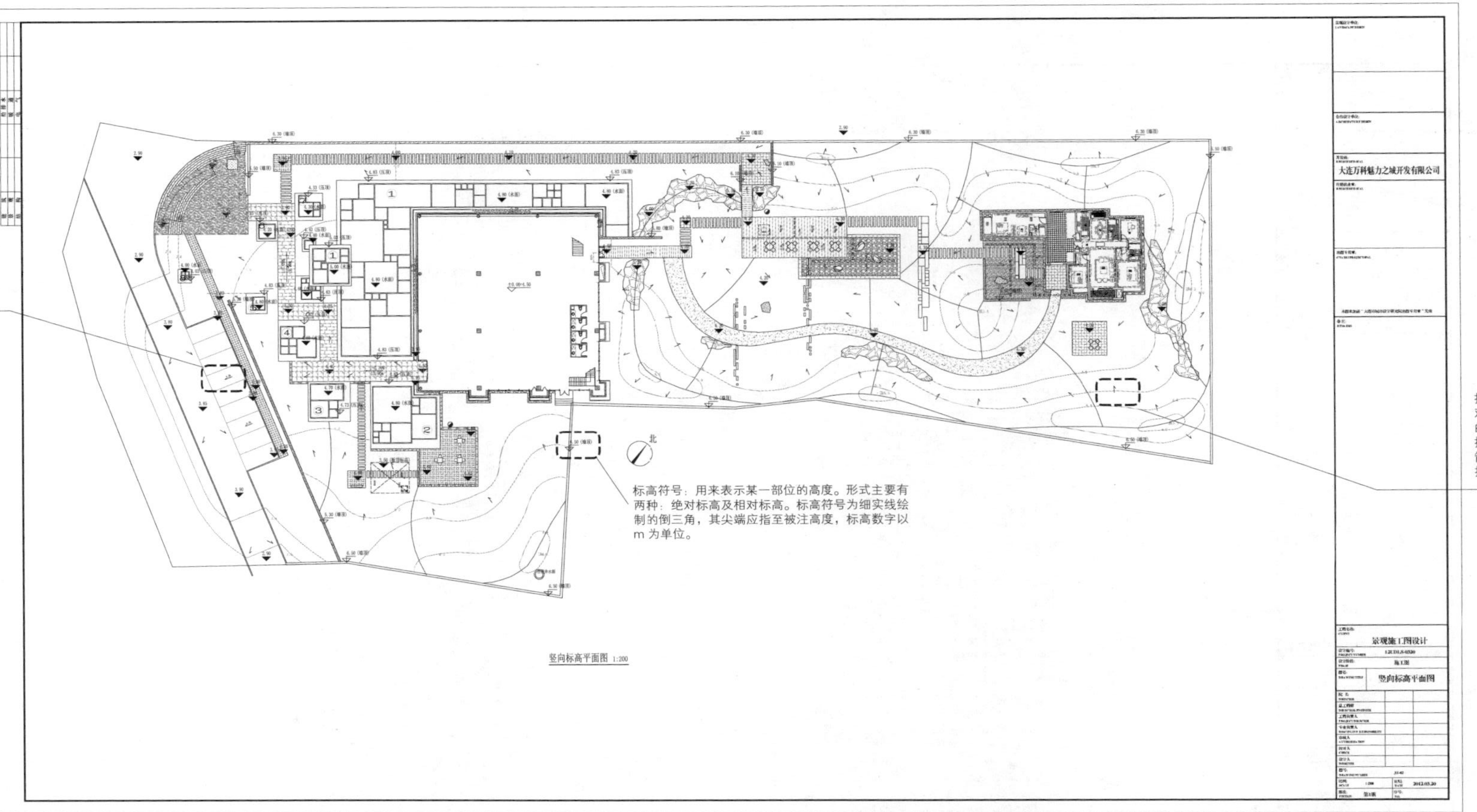

图 2-3-4　竖向标高平面图

1. 本页采用绝对标高，标高依据该城建坐标及高程系统；
2. 竖向设计图是依据总体设计平面图及原地形图绘制的地形详图，它借助标注高程的方法表示地形在竖直方向上的变化情况，是造园工程上方调配预算和地形改造施工的主要依据；
3. 一般在竖向设计图纸中绘制等高线、标高、排水方向等；
4. 图中有许多表示排水方向的单箭头，并且雨水的排除一般采取就近排向雨水口或排出园外的方法。

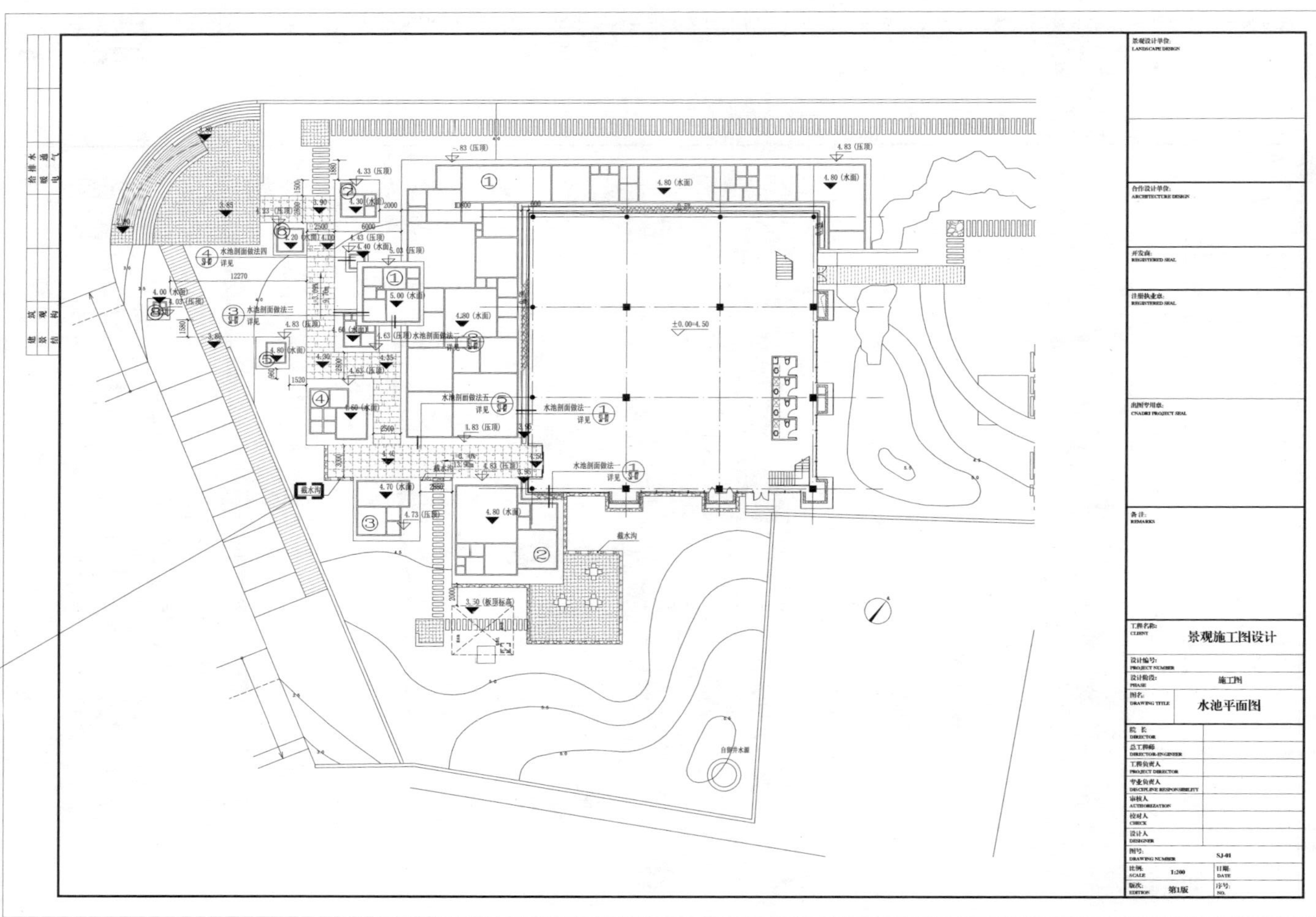

截水沟：在该项目中的主要作用是防止雨期绿地中的雨水流入铺装区域，产生污染

图 2-3-5 水池平面图

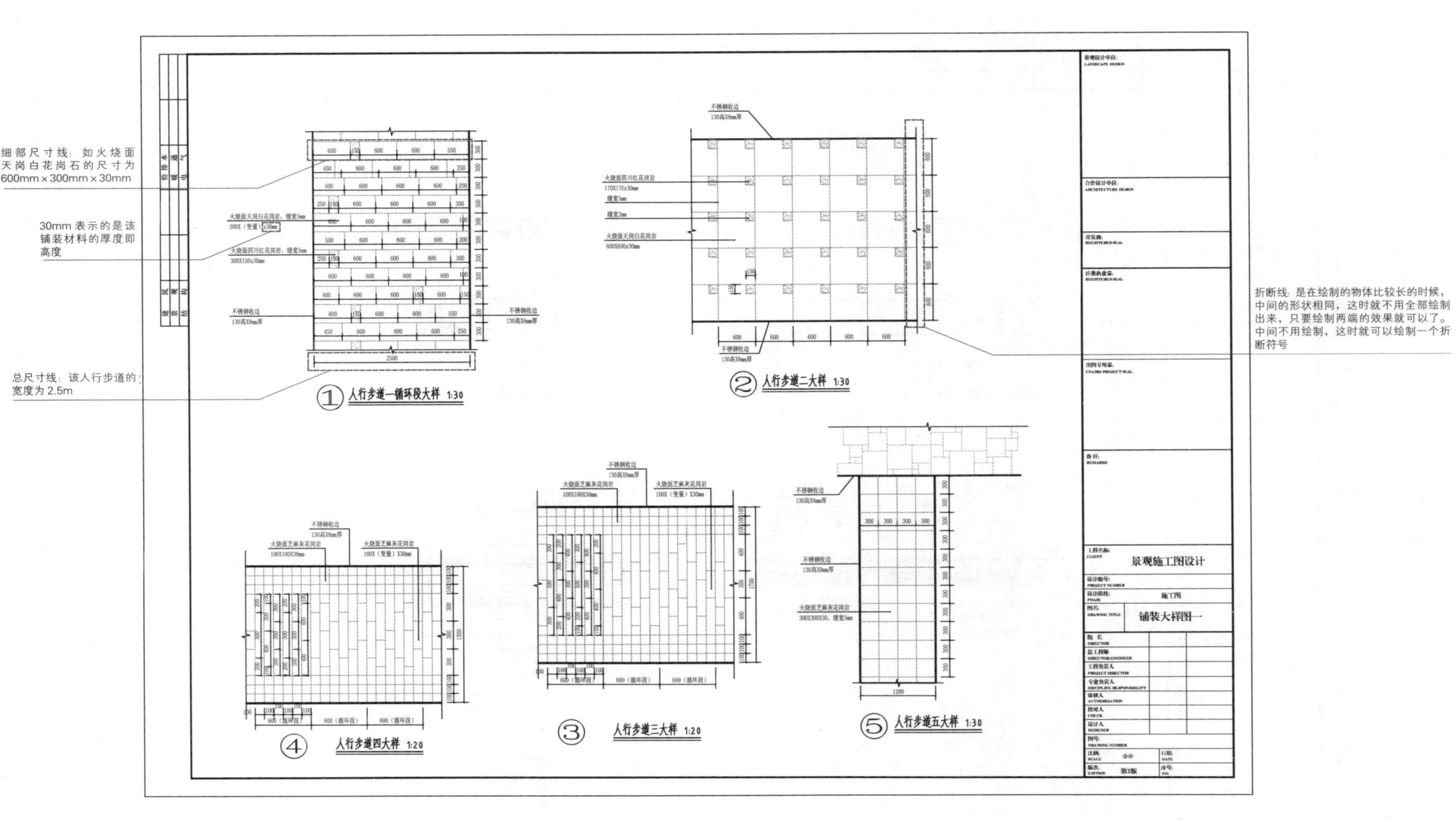

图 2-3-6　铺装大样图

1. 本页是该项目中出现的不同人行步道铺装大样施工图。图纸中显示了铺装的形式、材料、颜色、尺寸等基本信息；
2. 在施工图中，如果没有特殊说明图上尺寸标注的距离为实际发生的尺寸，通常以 mm 为单位；
3. 不同铺装样式在项目中具体的出现位置可在“平面索引图”中进行对应查找；
4. “大样图”主要是对大比例图纸不能表达的细节进行放大表达。

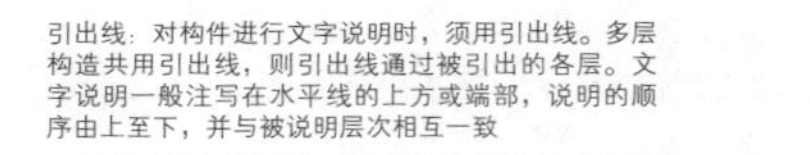
引出线：对构件进行文字说明时，须用引出线。多层构造共用引出线，则引出线通过被引出的各层。文字说明一般注写在水平线的上方或端部，说明的顺序由上至下，并与被说明层次相互一致

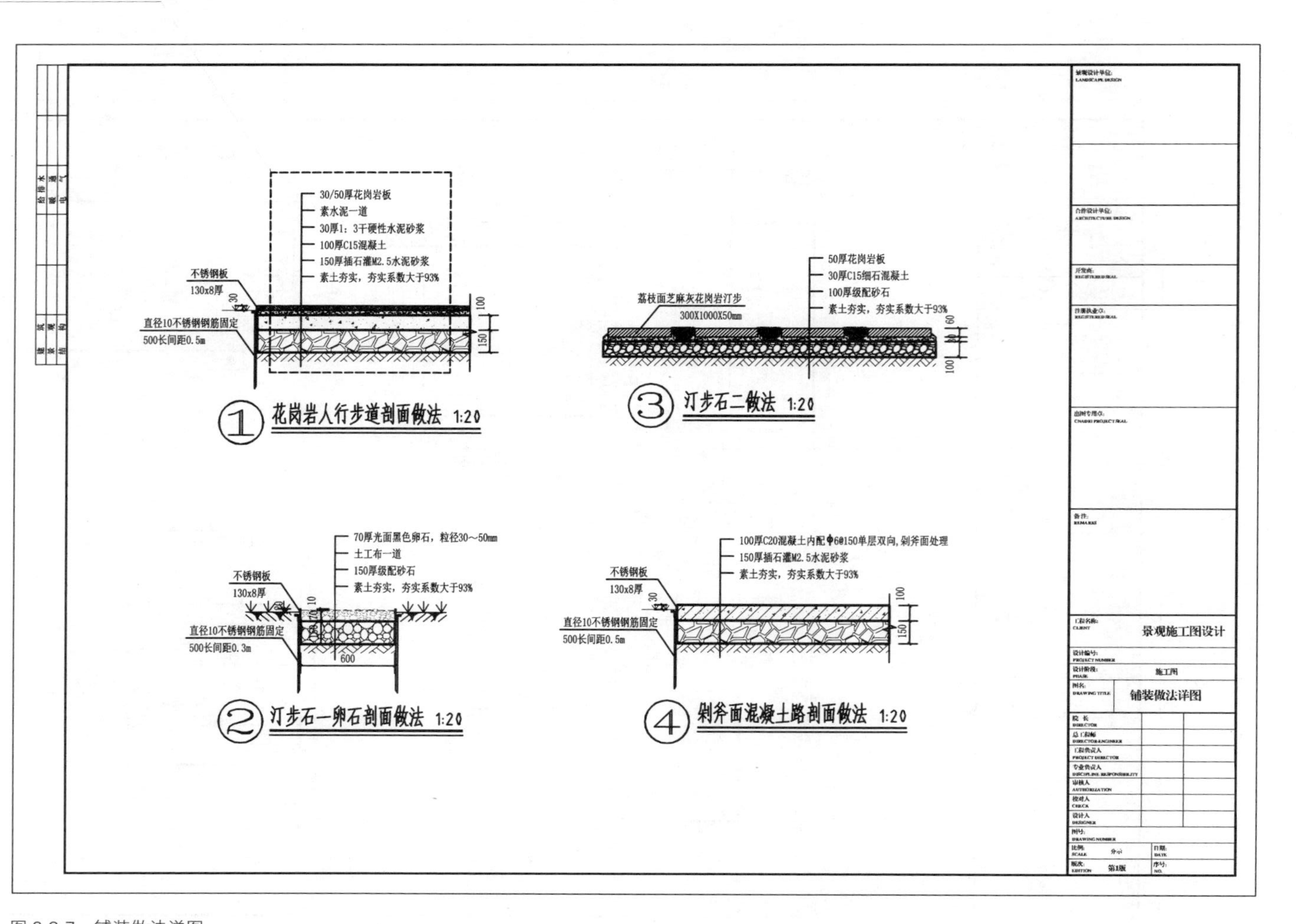

图 2-3-7　铺装做法详图
本页是各类铺装形式的具体做法详图，也就是铺装的相关施工顺序、材料、尺寸、工艺及施工顺序等。

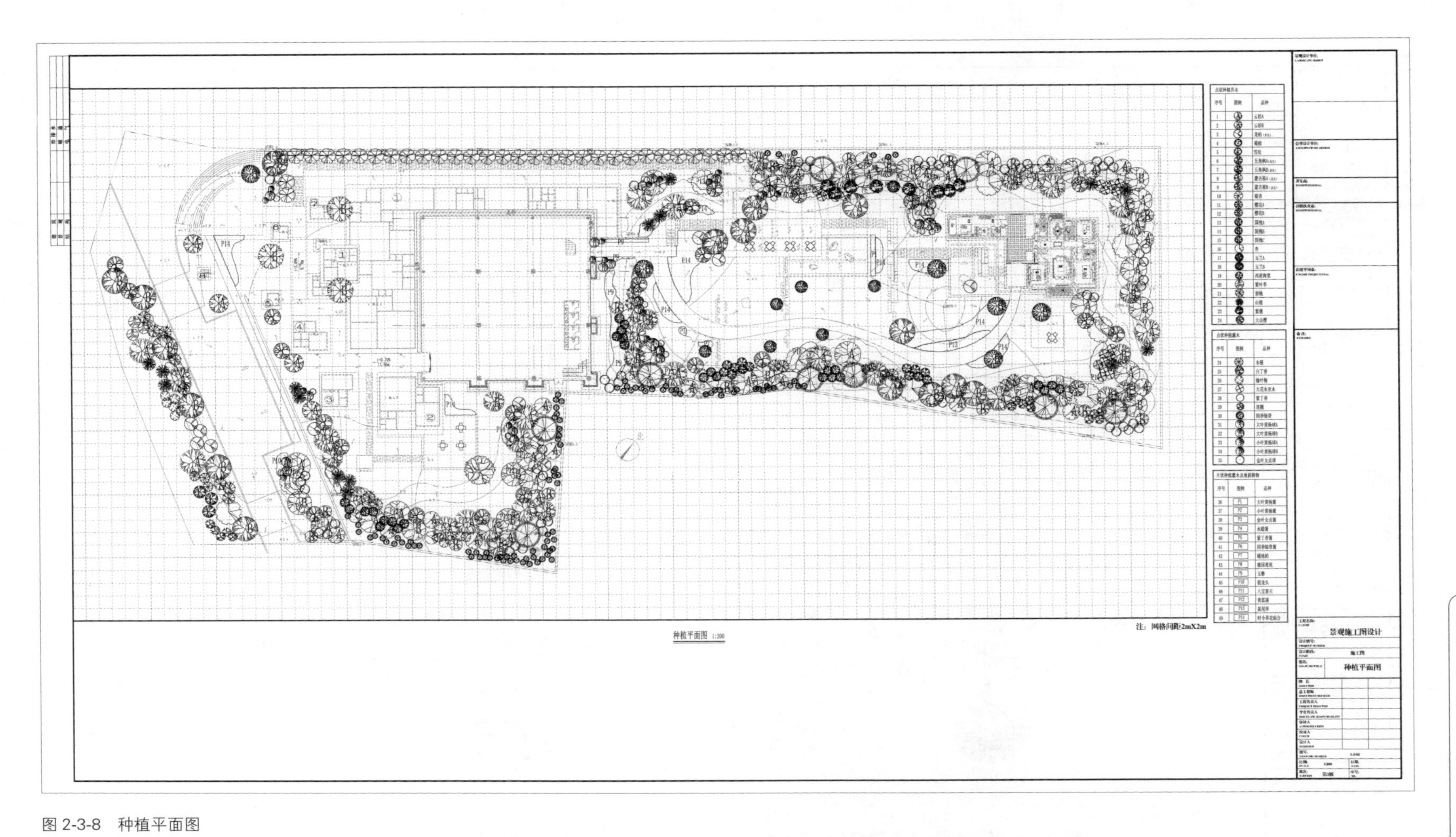

图 2-3-8　种植平面图

1. 本页是在整体景观设计图的基础之上绘制完成的种植设计平面图，本图中包含该项目所有植物类型，从图中可以看出各植物栽植的具体点位、数量、形式等；
2. 为了便于施工在图上套用了间距为 2 m 的放线网格。

植物种植设计说明

一、XXXX示范区展示区景观植物种植设计依据：

1. XXXX示范区展示区景观植物初步设计。
2. 《中华人民共和国行业标准CJJ/T82-99城市绿化工程施工及验收规范》

二、树木栽植技术规范及要求：

1. XX省相关绿化标准。
2. 《中华人民共和国行业标准CJJ/T82-99城市绿化工程施工及验收规范》
3. 以上规范均适用于正常植树季节施工，若在非植树季节进行栽植工程，需对上述规范作相应的调整。
4. 植物材料应选择根系发达、生长茁壮、无病虫害及机械损伤，品种规格及形态符合设计要求。
5. 行道树苗木其相邻同种苗木的高度要求相差不超过50cm，干径差不超过1cm。
6. 苗木的挖掘、包装应符合现行标准《城市绿化和园林绿地用植物材料-木本苗CJ/T34》的规定。
7. 苗木的运输、栽植、后期养护管理及其他未尽事宜皆参照以上规范进行施工。
8. 设计按现场平整为标准，如发生土方倒运及客土改良，以现场监理签证量为准。
9. 现场乔木种植点按照实际地下电缆铺设地点进行调整，乔木中心点距离电缆最小距离为1.0米。
10. 横纹绿篱横向每隔3.0米留0.30米宽作业路。
11. 园林植物生长所必需的最低种植土层厚度应符合表1-1规定。

表1-1

植被类型	草本花卉	草坪地被	小灌木	大灌木	浅根乔木	深根乔木
土层厚度(cm)	30	30	45	60	90	150

12. 挖种植穴、槽必须垂直下挖，上口下底相等，规格符合表1-2~5的规定。

常绿乔木类种植穴规格(cm) 表1-2

树 高	土球直径	种植穴深度	种植穴直径
150	40~50	50~60	80~90
150~250	70~80	80~90	100~110
150~250	80~100	90~110	120~130
400以上	140以上	120以上	180以上

绿篱类种植槽规格(cm) 表1-3

种植方式 / 苗高 深x高	单 行	双 行
50~80	40x40	40x60
100~120	50x50	50x70
120~150	60x60	60x80

落叶乔木类种植穴规格(cm) 表1-4

胸 径	种植穴深度	种植穴直径	胸 径	种植穴深度	种植穴直径
2~3	30~40	40~60	5~6	60~70	80~90
3~4	40~50	60~70	6~8	70~80	90~100
4~5	50~60	70~80	8~10	80~90	100~110

花灌木类种植穴规格(cm) 表1-5

冠 径	种植穴深度	种植穴直径
200	70~90	90~110
100	60~70	70~90

土球规格(cm) 表1-6

胸 径	土球直径	土球高度	留底直径
10~12	胸径8~10倍	60~70	土球直径的1/3
13~15	胸径7~10倍	70~80	

13. 种植胸径5cm以上的乔木，应设支柱固定。支柱应牢固，帮扎树木处应夹垫物，绑扎后的树干应保持直立。
14. 攀援植物种植后，应根据植物生长需要，进行绑扎或牵引。
15. 大树移植，必须按树木胸径的6~8倍挖掘土球或方形土台装箱。土球规格参考表1-6
16. 大树移植后，两年内应配备专职技术人员做好修剪、剥芽、喷雾、叶面施肥、浇水、排水、设置风障、荫棚、病虫害防治等一系列养护管理工作，在确认大树成活后，方可进入正常养护管理。

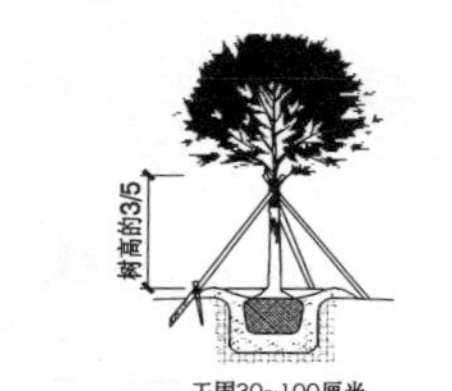

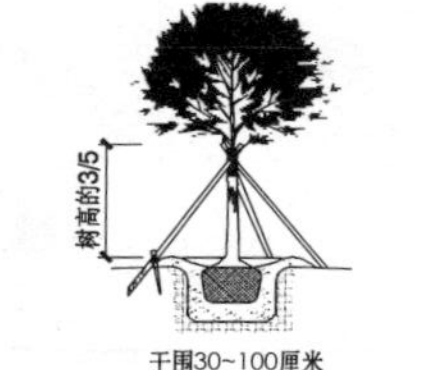

树木支架示意图

三、1. 绿化树木与地下管线外缘的最小水平距离宜符合表2-1的规定，行道树绿带下方不得敷设管线。

树木与地下管线外缘最小水平距离 表2-1

管线名称	距乔木中心距离（m）	距灌木中心距离（m）
电力电缆	1.0	1.0
电信电缆（直埋）	1.0	1.0
电信电缆（管道）	1.5	1.0
给水管道	1.5	---
雨水管道	1.5	---
污水管道	1.5	---
燃气管道	1.2	1.2
热力管道	1.5	1.5
排水盲沟	1.0	---

景观施工图设计

施工图

种植设计说明及苗木表

图 2-3-9 植物种植设计说明

本页为植物种植设计说明。一般在植物种植相关图之前都会编写“种植说明”。说明中主要包含以下内容：根据初步设计文件及批准文件简述的工程概况；种植设计原则、景观和生态的要求；对栽植的规定及建议，规定树木与建筑物、构筑物、管线之间的距离要求；对树穴、种植土、介质土、树木支撑的必要要求；植物材料等。

植物种植苗木表

点状种植乔木

序号	图例	品种	规格 胸径(cm)	高度(m)	冠幅(m)	造型形式	数量(株)	备注
1		云杉A	—	7	2.5	枝下高不大于0.7m，全冠移栽	22	
2		云杉B	—	5	2	枝下高不大于0.5m，全冠移栽	14	
3		龙柏(多头)	—	3	2	枝下高不大于0.4m，全冠移栽	14	
4		蜀桧	—	3	0.8	枝下高不大于0.3m，全冠移栽	99	
5		雪松	—	8	4	枝下高不大于0.7m，全冠移栽	9	
6		五角枫A(丛生)	50(地径)	9	4	丛生，分枝地径20cm的分枝数不少于4	25	
7		五角枫B(丛生)	30(地径)	6~7	3	丛生，分枝地径15cm的分枝数不少于3	14	
8		蒙古栎A(丛生)	50(地径)	9	4	丛生，分枝地径20cm的分枝数不少于4	22	
9		蒙古栎B(丛生)	35(地径)	6~7	3.5	丛生，分枝地径15cm的分枝数不少于3	9	
10		银杏	8	6	2	雌株，分枝点2.5m，全冠移栽	32	
11		樱花A	12	4	3	分枝点不高于1.5m，全冠移栽	4	
12		樱花B	20	6	4	分枝点不高于1.5m，全冠移栽	3	
13		国槐A	18	7~8	4	分枝点2.5m，全冠移栽	7	
14		国槐B	18	5~6	4	分枝点2.5m，全冠移栽	9	
15		国槐C	10	5	2	分枝点2.5m，全冠移栽	3	
16		杏	15	5	4	分枝点不高于2m，全冠移栽	13	
17		玉兰A	8	3	1.5	分枝点不高于1.5m，全冠移栽	7	
18		玉兰B	15	6	3	分枝点不高于1.5m，全冠移栽	6	
19		西府海棠	12	4	2	分枝点不高于1.5m，全冠移栽	13	
20		紫叶李	8	3	1.5	分枝点不高于1m，全冠移栽	3	
21		碧桃	8	2.5	1.5	分枝点不高于1m，全冠移栽	18	
22		山楂	12	3	2	分枝点不高于1.5m，全冠移栽	15	
23		紫薇	8	2	1.5	分枝点不高于1.5m，全冠移栽	8	
24		大山樱	40	10	5~6	分枝点2.5m左右，全冠移栽	1	

点状种植灌木

序号	图例	品种	规格 高度(m)	冠幅(m)	枝条数(条)	造型形式	数量(株丛)	备注
24		木槿	2	1.5	5以上	株形丰满，姿态优美，全冠移栽	3	
25		白丁香	2.5	2.5	5以上	株形丰满，姿态优美，全冠移栽	23	
26		榆叶梅	1.5	1.2	10以上	株形丰满，姿态优美，全冠移栽	11	
27		大花水亚木	1.2	1.2	10以上	株形丰满，姿态优美，全冠移栽	18	
28		紫丁香	1.8	1.5	10以上	株形丰满，姿态优美，全冠移栽	58	
29		连翘	1.5	1.8	30以上	株形丰满，姿态优美，全冠移栽	17	
30		四季锦带	1.5	1.5	20以上	株形丰满，姿态优美，全冠移栽	27	
31		大叶黄杨球A	1.8	1.8	—	株形丰满，姿态优美，全冠移栽	3	
32		大叶黄杨球B	1.2	1.2	—	株形丰满，姿态优美，全冠移栽	11	
33		小叶黄杨球A	1.5	1.5	—	株形丰满，姿态优美，全冠移栽	7	
34		小叶黄杨球B	1	1	—	株形丰满，姿态优美，全冠移栽	15	
35		金叶女贞球	0.8	0.8	—	株形丰满，姿态优美，全冠移栽	12	

景观施工图设计

施工图

种植设计说明及苗木表

图 2-3-10　植物种植苗木表

第三章 景观设计的步骤与方法

课程概述：景观设计是一个由浅入深、从粗到细、不断完善的过程。设计师应对场地有较好的调查分析，包括场地分析、社会文化环境分析、交通分析等，并对与设计有关的信息进行归纳提取，在此基础上提出合理的方案。

学习目标：了解怎样做一个完善的景观工程项目。

学习重点：认识到方案阶段的重要性，一项优秀的景观设计中，方案设计部分尤为重要，关系到能否施工。

学习难点：景观设计的每个阶段都有不同的内容，要解决不同的问题，并且对设计表达和图纸也有不同的要求。

一、设计任务书阶段

在任务书阶段，设计师应充分了解设计委托方的具体要求，包括委托方的愿望，对设计所要求的造价和时间期限等内容。这一步对整个景观设计过程起指导性作用，是一个相当重要的环节。可细分为熟悉设计任务书、调研、分析、评价、走访使用单位和使用者、拟定设计纲要等步骤。

设计过程的第一步是熟悉设计任务书。设计任务书由甲方提供，是设计的主要依据，一般包括设计规模、项目要求、建设条件、基地面积、建设投资额度、设计与建设进度以及风景名胜资源等。设计任务书阶段很少用到图纸，常是用以文字说明为主的文件。

二、现状调查和分析阶段

熟悉项目的设计任务书后，应收集有关图纸、现状资料及相关分析资料，补充和完善不完整的内容，并对整个基地及环境现状进行综合分析。

1. 图纸资料

（1）基地平面图，即地形图。根据面积大小，提供 1：2000、1：1000、1：500 的场地范围内总平面地形图。它应包含的内容含基地界限，即设计范围；地形、标高；房屋（要表明内部房屋布置、房屋层数和高度、门窗位置等）；其他现状物，如构筑物、山体、水系、植物、水井位置及其范围等，并且要分别注明要保留利用的、要改造的和要拆迁的构筑物；户外公共设施（排水管线、室外输电线、空调和室外路灯的位置）；与市政交通相联系的主要毗邻街道（名称、宽度、标高点数字、排水及走向）；周围机关、单位、居住区的名称、范围，以及今后的发展情况。

（2）局部放大图。主要提供局部详细设计，为建筑单位设计、景观小品及园路的详细布局而准备。

（3）要保留的主要构筑物的平面图、立面图，应注明室内外标高、外形尺寸、颜色等。

（4）现有绿化情况，特别是需要保留的植物或植物区域的位置、面积、品种、大小、生长情况等要详细标明。有观赏价值的树木最好附上参考照片。

（5）地下管线图。一般要求与施工图比例相同，图内应包括现有地上、地下管线的种类、走向、管径、埋置深度、标高和柱杆的位置和高度等。

2. 掌握场地相关分析资料

需要掌握的与场地相关的资料可分为以下几类：

（1）场地设计在大环境规划中所处的地位。

（2）场地内外环境历史、人文情况，如当地风俗民情、民间故事、风俗习惯等。

（3）场地周围景观情况。

（4）场地周围的使用人群情况，如使用者的类型、社会关系、社会结构等基本情况。

（5）周围道路系统分析，主要是车流、人流分析。

（6）能源情况，如电源、水源以及排污、排水等，特别要留意周围是否有污染源。

（7）场地的水文、土壤、地质、地形、气候等方面的资料。

（8）植物情况，包括植物种类、生态、群落组成、数量、分布及可利用程度、保留植物的生长情况、姿态及观赏价值的评定等。

（9）小气候，较准确的基地小气候数据要通过多年观测积累后才能获得。通常应在了解当地气候条件之后，随同有关专家进行实地观测，合理分析和评价基地地形起伏、坡向、植被、地表状况及人工设施等对基地日照、温度、风和湿度条件的影响。

三、方案设计阶段

当基地规模较大及所安排内容较多时，应在方案设计之前先做出整个园林的用地规划，保证功能合理，尽量利用基地条件，然后再分区分块进行各局部景区的方案设计。若范围较小、功能不复杂，则可以直接进行方案设计。综合考虑设计任务书所要求的内容和基地及环境条件，提出一些方案的构思和设想，权衡利弊后提出一个较好的方案或者几个方案合并构思成综合方案，最后加以完善，形成初步设计。该阶段的工作主要是进行功能分区，确定各分区平面位置。常用的图纸有功能分析图、景观方案草图、方案表现图（透视图、鸟瞰图等）、各类规划及方案的总平面图等。具体实例见图 3-1 ~图 3-9。

图 3-1　新校区图书馆景观方案平面图

图 3-2　新校区图书馆景观方案鸟瞰图

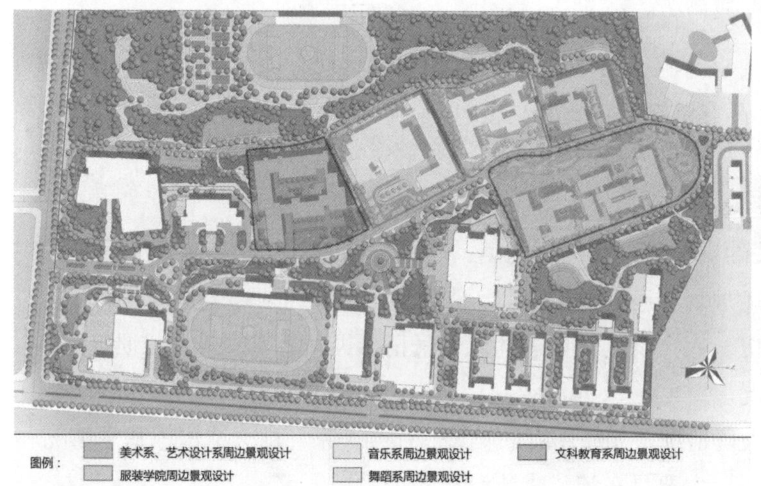

图 3-3　新校区图书馆景观方案功能分区图

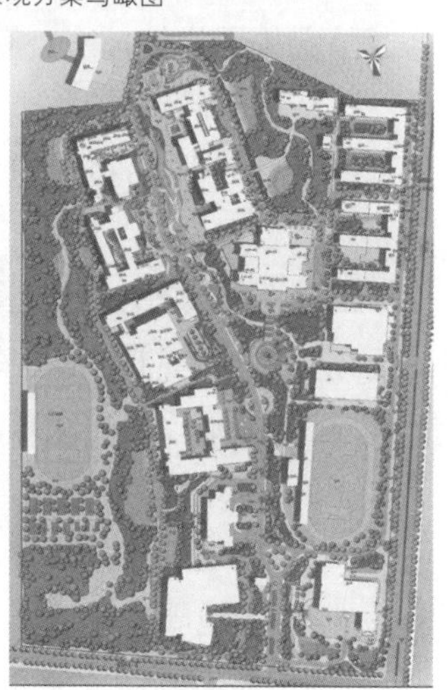

图 3-4　新校区图书馆景观方案标高图

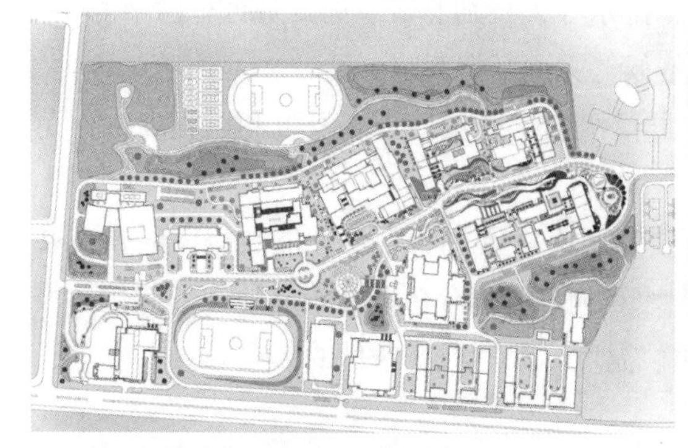

图 3-5　新校区图书馆景观方案植物配置图

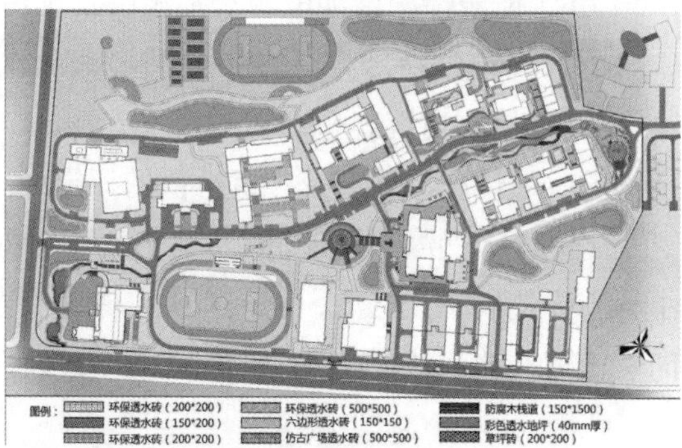

图 3-6　新校区图书馆景观方案铺装设计图

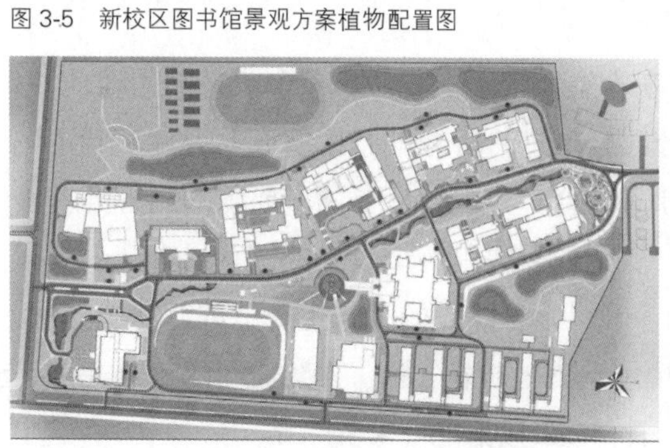

图 3-7　新校区图书馆景观方案交通分析图

图 3-8　新校区图书馆景观方案灯光分析图

图 3-9 新校区图书馆景观方案水景效果图

四、详细设计阶段（扩初阶段）

方案设计完成后应协同委托方共同商议，然后依据商讨结果对方案进行修改和调整。一旦方案确定下来，设计师就要对整个方案进行详细设计，确定各景观元素的形状、尺寸、色彩及材料等。完成定稿总平面图、各专项总图（给排水、地形、道路、种植、建筑图等）及各个局部的详细平立剖面图、节点详图等。

五、施工图阶段

施工图是将设计与施工连接起来的环节，是进行相关施工的重要依据，对建成后的质量及效果具有相应的技术及法律责任。根据所设计的方案，结合各工种的要求分别绘制出能具体、准确指导施工的各种图纸。这些图纸能清楚、准确地表现出各项设计内容的尺寸、位置、形状、材料、种类、数量、色彩及构造、结构等。在实际操作中应该“按图施工”，未经原设计单位或部门同意不得擅自修改施工图纸，经协商后，同意修改的应由原设计单位补充设计文件，如变更通知单、变更图、修改图等。

1. 景观施工图的设计内容

（1）封面。内容包括工程名称、建设单位、施工单位、施工时间、工程项目序号等。

（2）目录。文字或图纸的名称、图别、图号、图幅、基本内容、张数；图纸以专业为单位编排序号；每一专业图纸应对图号进行统一标示，以方便查阅。

（3）说明。针对整个工程讲解需要说明的相关问题，内容包括设计依据及设计要求、设计范围、标高及标注单位、材料选择及要求、施工要求、经济技术指标，除总说明外，在各专业图纸或施工图纸上应配有适当的文字说明。

（4）总平面图

指北针（或风玫瑰图）、绘图比例、文字说明、景点、建筑物或构建物名称标注、图例表；道路铺装主要点的坐标、标高及定位尺寸，小品主要控制点坐标及小品的定位、定型尺寸；地形、水体的主要控制点的坐标、标高及控制尺寸；植物种植区域的轮廓及位置；用放线网表示，并标注无法准确标注尺寸的自由曲线的控制点坐标。总平面图是整个方案的最终表现图纸，在绘制的时候一定要按照工程测绘制图的方法来进行绘制。

（5）施工放线图。主要标明各设计因素之间具体的平面关系和准确位置。

主要包括施工放线总图，各分区施工放线图，局部放线详图，保留利用的建筑物、构筑物、树木、地下管线等，设计的地形等高线、标高、水体、驳岸、山石、建筑物、构筑物的位置，道路、广场、桥梁，绿化的种植点以及各种景观小品的设计内容等。

（6）地形平面设计图。主要内容包括制高点、山峰、台地、丘陵、缓坡、平地、岛屿及湖泊、池塘、溪流等的岸边、水底的具体高程，以及入水口的标高等。

（7）水体设计。水体是景观设计的重要组成部分。在平面图中应标明水体的平面位置、形状、类型、深浅及工程设计要求等。

（8）道路及广场设计。道路、广场的施工图要依据项目中道路系统的总体设计，在施工总图的基础上，绘制出各类道路、广场、平台、台阶、汀步等的位置，并标注每段的高程、纵坡、横坡的数字。还需要绘制出相关铺装的施工图，包括铺装大样图、结构图、铺装放线图，铺装材料的名称、尺寸及颜色等。

（9）种植设计。主要内容包括种植设计说明、植物材料表、种植施工图等。如果采用乔、灌、草等多层组合的种植形式，分层种植设计较为复杂时，应绘制分层种植施工图。

（10）管线综合设计。主要包括室外照明及喷灌系统管网设计图等。在管线规划图的基础上，上水（造景、绿化、生活、卫生、消防等）、下水（雨水、污水）等应按照市政部门的具体要求和规定正规出图。

2. 施工图设计深度应满足的要求

（1）能够依据施工图编制施工预算；

（2）能够依据施工图安排材料、预定设备及加工非标准材料；

（3）能够依据施工图进行施工及安装；

（4）能够依据施工图进行工程验收。

第四章
景观设计的专项元素设计

课程概述：本章主要讲授景观设计中专项元素的设计特征、设计原则等问题。

学习目标：了解景观设计的元素以及这些元素之间的关系，明确各个元素的特征和设计的方法。

学习重点：景观设计中各个元素的设计要点。

学习难点：各个景观设计元素之间的关系。

第一节　景观设计的地形地貌与山石的设计

一、从地形地貌开始认识景观设计

地形的骨架由景观构成。如何利用与改造地形会影响园林形式、建筑布局、植物配植以及景观效果，甚至能影响到给排水工程和小气候等诸多因素。所有的设计要素和外加的景观因素在某种程度上都依赖着地形。某一环境的地形发生变化，就意味着该地区的空间轮廓、外部的基本形态，以及其他处于该区域的设计要素也发生了变化。人居环境建设几乎都是从合理地利用地形和塑造地形开始的。

（一）地形地貌设计的相关概念

1. 地形

地形（图 4-1-1）一般指地势的高低起伏变化，即地表形态。如山脉、丘陵、河流、湖泊、沼泽等都属于地形的形态。图纸上经常用等高线来表示地形图。地形分为大地形、小地形和微地形三种。山脉、草原、湖泊等面积大、起伏大的地形属于大地形；相对较小的丘陵、沼泽和水池等属于小地形；地形起伏微小的称微地形。在自然景观中，大地形和小地形是主要地表形态；而在人工环境中，微地形则是主要地形，城市景观中常用的堆山理水就是微地形的应用。

图 4-1-1　地形

2. 地貌

地貌是与地形紧密联系而又有一定区别的概念。地形即地表形态，而这些地表形态又是如何形成的呢，山岳为什么高耸？河流为什么弯曲？种种问题都不是地形可以回答的，必须进一步研究地形内部的特征与差异，或研究地质构造对地形的影响。湖岸的平直与巨大的断层是否有关系？河道的弯曲是河水的冲击还是软硬不同的岩石所致？只有在研究地表形态的内在原因或成因之后，才能回答这些问题，这就是地貌的具体内容。所以，地貌是在地形的基础上再深入一步，研究地形成因的科学。

地球的内在原因以及外部环境造就了千变万化的地表形态。地形是地表形态的总称。它是大面积的，所以我们在设计时要因地就势，即便改动也只能是微调。另外，因为地形是地球内因与外因相互作用的结果，且各地区之间的地壳内部及外部环境不同，地形也各有特色，所以，设计师可以根据当地地形地貌的特色创造出各种特色景观，这种景观与周围环境相结合，能够营造更好的空间气氛。

3. 地形设计

地形设计是对地表形态进行人工布局并使之成为景观的设计。例如，地形骨架的塑造，山水的布局，峰峦、河流、湖水等小地形的设置等。它们的位置、高低、尺度、外形、坡度和高程等都要经过地形的设计来解决。地形设计是竖向设计中的一项主要内容。

（二）地形地貌的类型

按形态特征，常见的园林景观空间的地形地貌可分为平坦地形、凸型地形、山脊地形和凹型地形等。就某些小景观范围来讲，地形有土丘、斜坡和台地等，这类地形我们统称为“小地形”。

1. 平坦地形

平坦地形（图 4-1-2）指的是景观空间内坡度较平缓的地形，比较宽阔，应用最多。景观在平坦地形上可保持通风，具有开阔的视野，能够展示景观的连续性与统一性。为了满足人们的各类活动需求，景观空间应设置一定比例的平坦地形，园林空间中的平坦地形一般有草地、广场、建筑用地等。平坦地形对于景观设计的限制小，可以设计连续性的景观，并实现良好的景观通透性。但平坦地形容易使景观缺乏趣味性，所以空间设计要依靠各空间之间、景观要素与空间之间，以及各景观要素之间的相互关系，通过亮色、体量的变化、造型构筑物或夸张雕塑来增强空间的趣味性，形成视觉的焦点；或通过垂直构筑物强调地平线和天际线的水平走向，以增加视觉的冲击力。

图 4-1-2 平坦地形

2. 凸型地形

凸型地形（图 4-1-3）在景观空间中的表现多为山丘与缓坡。凸型地形相对于平坦地形而言，更富有动感变化，一般会在特定区域内形成视觉的中心。一般情况下，突然起伏的地形对视觉的刺激较大，因此，在设计时一般会在较高的地方设置建筑或是构筑物，强化其对人的视觉吸引。另外，高低起伏的地势能引导游人视线、组织空间、增加游人活动的面积。

图 4-1-3 凸型地形

3. 凹型地形

凹型地形指的是景观空间中与凸型地形相反的低洼谷地。凹型地形一般由两个凸型地形连接而成。因周边的围合，能够产生一定的闭合效应，减少外界干扰，给人们带来稳定感和安全感。和凸型地形一样，人工与自然的凹陷也能形成视觉中心，如城市中的下沉广场（图 4-1-4）。

图 4-1-4 下沉广场（大连胜利广场）

（三）地形地貌的作用

地形地貌是景观设计的基底，是构成整个景观的框架，对整个景观有一定的制约作用。在景观设计中，设计者要充分利用地形地貌，深入研究，营造各种空间形态；通过设计的不断变化，使景观产生丰富的变化。地形地貌在景观设计中的作用如下：

1. 背景作用

地形起伏，结合植物配植，于是有意或者无意间就成为了水体、建筑物、构筑物或前方植物的背景（图 4-1-5）。

图 4-1-5　海南

2. 组织空间的作用

地形地貌可以影响人们对户外空间的感受。例如，平坦地形是一种缺乏垂直限制的平面因素，视觉上缺乏空间限制。斜坡和地面较高点占据了垂直面的一部分，能够限制和封闭空间，斜坡越陡越高，户外空间感就越强。

3. 控制视线的作用

利用填充垂直平面的方式，能够在景观中将视线导向某一定点，影响某一定点的可视景观。

多样的地形地貌为动植物多样性提供了条件，也丰富了景观的形态，为游人创造了各种空间体验。设计时不能忽视地形，也不能局限于原有的地形，要因地制宜，创造合理的景观地形。如北京的颐和园，在设计缺乏变化的平地上“挖湖堆山”，创造了丰富立体的地貌特征。

（四）地形地貌的设计原则

不同的地形地貌反映出不同的景观，也影响其他景观要素的布局。良好的地形地貌，是产生良好的景观效果的条件。因此，地形地貌设计应当遵循两个基本原则：

1. 因地制宜

地形地貌设计应因地制宜、顺其自然。在进行地形地貌设计的时候，要充分利用原有的地形地貌，并对其进行适当的改造，宜山则山、宜水则水，布景应做到“得景随形”。以此为基础，在进行地形地貌塑造时，要根据景观功能特点处理地形地貌。人群集中处和活动场所要地势平坦；划船游泳区要有河流湖泊；登高眺望时要有高地山岗；文娱活动时要有室内室外活动空间；安静休息与游览赏景时要求有山林溪流和花涧石畔等（图 4-1-6）。

图 4-1-6　九乡

2. 地形地貌要与其他景观要素相结合

景观空间是一个综合性空间，它不仅是艺术空间，也是生活空间，可行可赏又可游可居。地形不是孤立存在的，它是与各景观要素结合在一起的，所以景观设计的实质是在地形地貌骨架上合理布局景观要素以及它们之间的比例关系。当然，在不同设计的要求下，布局和比例关系也会不同，但从古至今，地形设计的目的都是为了改善环境和美化环境。

在地形地貌改造过程中，我们应注意以下几点：

（1）因地制宜地巧妙利用地形地貌创造景观作品。

（2）根据整体规划改动地形地貌时，要避免对生态环境产生破坏。

（3）尊重自然，坚持自然山水景观理念，融人工环境于自然山水之中。应杜绝破坏自然生态的行为，如开山取石、河道裁弯取直、填平湿地和变绿地为硬质铺装等。

（4）改造工业废弃物、垃圾场等，这些地方的土壤并不是真的脏了，而是富营养化了，经分析化验，种植具有吸收富营养素的植物，能够逐渐改善土壤，形成良好的自然生态地形。

山地是地形设计的核心，它直接影响景观空间的组织和景物安排，以及天际线的变化和土方工程量等。景观中的山地除了自然界的真山外，大多是利用原地形改造而成的假山，所以，景观中的假山营造才是山地设计的重点（图 4-1-7）。

①假山的特点：

假山是以造景游览为主要目的，以土、石等为材料，以自然为蓝本加以艺术提炼、创造而成的可观可游的景观。它和真山相比，体量小，却有山石嶙峋、植被苍翠的特征，能够使人体验到自然山水之意趣。

②假山的类型：

假山分为土山、石山和土石山三类。土山是全部用土堆积而成的，一般不堆得太高太陡，若山体较高时，占地面积也较大；石山是全部用岩石堆叠而成的，由于堆叠的手法不同，能够形成峥嵘、妩媚、玲珑和顽拙等各种景观；土石山则是以土为主体结构，表面加以点石堆砌而成的。

③假山（土山）的设计要点：

・未山先麓，陡缓相间。山脚缓慢升高，坡度陡缓相间，山体表面凹凸不平，变化自然（图 4-1-8）。

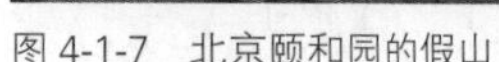
图 4-1-7　北京颐和园的假山

图 4-1-8　假山（苏州）

· 逶迤连绵，顺乎自然。山脊线呈“之”字走向，曲折有致，起伏要有度，忌对称式布局。

· 主次分明，互相呼应。主山高耸宽厚，体量大，变化多；次山奔放拱伏，呈余脉延伸之势。主山和次山的比例要协调，注意整体组合，忌孤山设置。

· 左急右缓，勒放自如。山体坡面有急有缓，一般朝阳和面向游人的坡面缓，地形复杂；朝阴和背向游人的坡面陡，地形简单。

· 丘壑相伴，虚实相生。山脚轮廓线曲折圆润，柔顺自然。山臃必虚其腹，壑最宜幽深。

（五）以竖向设计深入地形地貌设计

竖向设计是指在一块基地上进行垂直的规划设计与处理。在景观设计中，地形的竖向设计是将景观中的景点、设施及自然原有地形等因素做高低起伏的规划设计。

竖向设计要与景观用地选择及布局同时进行，各项因素建设在平面上要统一和谐、相互协调。城市用地的竖向设计应有利于建筑的布置及室外空间的环境设计。

二、从山石造景方面研究景观设计

优质的石材本身就是天然的艺术品，它们或细腻或粗糙的质地、丰富多样的色彩、多姿的形态都能给人们带来新奇愉悦的感受。景观设计中常使用山石造景。堆山是指园林空间因地制宜人工堆填假山；置石也称叠石和理石，是以石材与仿石材来布置自然露岩景观的造景手法，另外，它还具有挡土、护坡等功能，置石可以用简单的形式来体现较深的意境，从而达到“寸石生情”的效果。

（一）山石造景的分类与应用

1. 假山式

景观空间中常会出现各种各样的假山，有的是天然石材，有的是人工塑山，有时又会结合水景，如喷泉、瀑布等。假山的营造分两种形式，一种是用传统的手法营造；另一种是用现代的手法来营造新型假山。假山的取材范围扩大化与筑山手法多样化也推动了现代景观中假山石景的多样化发展。（图4-1-9）

图 4-1-9　假山式

2. 孤赏式

景观设计中经常选用具有较高观赏价值的石材——观赏石作为孤赏式的表现形式，使之成为景观空间的主景和视觉中心。因为是景观焦点，所以观赏石一定要有观赏价值，从鉴赏角度和形式上看，观赏石主要有三大类：天然类观赏石（原生石）、石艺类观赏石和水晶类观赏石。石的观赏价值仁者见仁，智者见智。宋代著名“石颠”书画家米芾提出“瘦、皱、漏、透”四原则。赏石一是“赏”，二是“悟”，因此作为景观设计者也需要有一定的素养与情趣，才能够做好孤赏式石景。观赏石石材多样，如湖石、菊花石、斧劈石、橡皮石等（图 4-1-10）。

3. 散点式

散点式是以散点的形式布局，之间没有明显的连接事物，容易呆板或散乱。所以散点式布局应有一定的节奏感和韵律感，这样才能形散而神不散，同时，这种节奏和韵律还可以结合景观设计主题，以便传达更多的信息。

图 4-1-10　观赏石（苏州）

第二节　景观设计的道路以及硬质铺装的设计

一、解决景观设计中道路设计的问题

景观与人类生活息息相关，疏导与集散来往人流是景观设计的重要功能。道路与节点是人流疏通的重要场所，也是景观设计中占据重要地位的风景线。

（一）道路的概念

道路是城市的骨架，城市道路景观对城市规划的形象起着重要的作用。城市道路景观设计是城市化进程不可替代的一部分，城市道路联系着城市的各个组成部分，是城市中担负交通任务的主要设施。同时，城市道路的空间组织也直接影响着城市的空间形态和城市景观，是城市景观的重要载体（图 4-2-1）。

图 4-2-1　道路

彭一刚先生在《建筑空间组合论》中曾提到道路的空间组织设计应先考虑主要人流必经的道路，其次还要兼顾其他各种人流活动的可能性。景观道路根据功能可分为三类，三类道路应主次分明，各负其责，有序地组织景观空间。

（1）主要道路：指景观中的重要道路，如通行、救护、消防、游览类的通道，宽度为 7 m~8 m。在设计时应注意道路的场地通达性，保证道路能够连通景观内的各个区域（图 4-2-2）。

（2）次要道路（图 4-2-3）：是景观与景观之间的主要通行道路，连接景观分区内的各个景点、建筑等的道路，宽度为 3 m~4 m。

（3）休闲林荫道、濒水小路、健康步道（图 4-2-4）：在景观中，允许人们活动、参与景观的路径多以步行路为主，小路宽度为 1 m~2 m。

图 4-2-2 昆明 石林
图 4-2-3 丽江
图 4-2-4 健康步道（丽江 云杉坪）

（二）景观道路设计的考量因素

1. 道路的划分和组织要有序

不同路线的脉络组织关系形成了景观设计的特色。苏州园林中道路的婉转回旋，欧洲园林如法国凡尔赛宫中道路的几何对称，虽然是两种截然不同的景观组织形式，但却各具特色。

2. 道路与其他景观元素进行组景

在道路规划设计中，应注意以人为本，道路两侧应能休息，要塑造道路两侧的凹凸空间，并与路边的座椅、花坛、河池、灯具等元素构成休息区域，形成“路从景出，景从路生”的道路景观效果，使游者可以沿路休憩观景。

3. 具有一定中国特色的道路设计——移步换景、步移景异

道路是动态的景观，沿着小路行走，随着道路线形、坡度、走向的改变，景观也在变化，要积极组织各种景观形态，使人能够体会风景的流动，感受最细微的景观层次。中国

人设计景观道路喜欢弯曲，摒弃直线。曲折的路径把人们的视线导向不同的空间，引领人们在行进过程中发现不同的景观，为人们留下想象的空间（图 4-2-5、图 4-2-6）。

图 4-2-5 丽江

图 4-2-6 丽江 茶马古道

4. 具有艺术铺装的景观道路设计

景观道路铺装通常应上透下渗，预防路面积水，保证路面整洁并达到自然循环的效果。在地面铺装中，有可渗透功能的材料有砂、石、木、强力草皮或空心铺装格、多孔沥青等。道路功能不同，所选用的材料、铺设手法也不同，如主路多用混凝土、沥青等耐压材料铺装，拼砌图案整齐大方，便于施工，牢固、平坦、防滑、耐磨，利于人车通行（图 4-2-7）。小路变化曲折，铺装图案亦丰富多彩，艺术性很强。铺装材料要结合周边的景观元素来选择，与园林景观相协调。石板、砖砌铺装、鹅卵石、碎石拼花等是比较好的选择。在铺装方式上，同一方向、同一类型的路面，宜使用同一种材料和方式，以加强路线的统一感和引导性。同时还要为残疾人考虑，设置盲道和残疾人通道（图 4-2-8）。

图 4-2-7 地面铺装（昆明长水机场）

图 4-2-8 景观小路铺装（丽江 黑龙潭）

（三）景观道路设计的原则

景观道路设计应综合周边交通环境和使用人群心理，更好地梳理人流，疏散交通；主次道路分工明确、循环顺畅，尽量避免道路闭塞；道路指向要简洁易懂，尽量减少多路交叉，以免造成人流的聚集拥挤；在道路延伸过程中，应具有景色亮点，每条道路都应具有自己的个性与特色。

景观人行道路宜适当增加曲折、增加景观层次感，以此来丰富空间体验。

二、解决景观设计中铺装的设计

地面是园林景观空间中的重要界面，为人们提供了活动的场所。地面铺装有硬质和软质之分，也有柔性路面铺装和刚性路面铺装之分。地面铺装首先应该是平整的，具有可步行性。其次，地面铺装铺面材料要根据各方面的特性随着所处环境的不同而有所变化，在各个环境中巧妙地组织景观，达到“步移景异”的效果，使人们在前行过程中获得行为与心理方面的综合感受。

（一）铺装的类型

1. 柔性路面铺装

柔性路面铺装是强度自上而下逐渐减弱的多层体系，如地砖、草坪等。各层材料具有较大的塑性，抗弯、抗拉强度较差。荷载由强而弱逐步向下传递到土基，因而土基本身的强度和稳定性对路面的整体强度有较大的影响，此种路面铺装一般应用于步行通道（图4-2-9），不适宜用于车道。

2. 刚性路面铺装

刚性路面铺装是由一层强度较高的水泥混凝土板作为面层，板体具有较高的韧性及强度。路表面的形变甚小，传递到土基上的单位压力较小，一般作为车道使用（图4-2-10）。

图4-2-9　丽江古城

图4-2-10　车行道路铺装

（二）铺装的作用

铺装是作为空间界面存在的，就像室内设计时必然要把地板设计作为整个设计方案中的一部分一样。道路铺装自始至终都影响着园林景观空间的视觉效果和使用功能。地面铺装是指用各种材料对地面进行铺砌装饰，它的范围包括道路、广场、活动场地、建筑地坪等。地面铺装作为景观空间的一个界面，和建筑、水体、绿化一样，也是景观艺术创造的重要元素之一。地面铺装的作用主要体现在以下几个方面。

1. 铺装材质功能

铺装的好坏，不只是看材料优劣，还要看是否与环境相协调。利用混凝土和碎大理石、鹅卵石等组成大块整齐的地纹，尤其质感纹样的相似统一，易形成调和的美感。如果地面上用同一质感的石子、沙子、混凝土铺装，更容易达到整洁、统一的效果，在质感上也容易和建筑相融合。

2. 铺装图案功能

合理地运用铺装可以起到有效提高环境美感的作用。采用曲线形和圆形的路面图案，或采用热烈、活泼的色彩，都能给环境增添美感（图 4-2-11）。

图 4-2-11 铺地图案（大连渔人码头小区小品）

3. 铺装纹理功能

铺装纹理常因场所不同而变化。在园林景观中，铺装以其多样的形态和纹理来衬托、美化环境，增加园林景观的细节，纹理则起到装饰路面的作用。路面的纹样、材料与景区的意境相结合可起到加深意境的作用。

4. 组织交通功能

这是地面铺装最基本的功能。首先，根据交通对象的要求和气象条件特征，由设计师设计出耐磨防滑、经久耐用的路面，保证车辆和行人的安全，让人们更方便舒适地通行；其次，地面铺砌图案能给人以指向性，方向性是道路功能特性中很重要的部分；再次，地面铺装注重的是人们生活的需求，对人们的心理影响则是采用暗示的方式。人们对于不同色彩、不同质感的铺装材料，心里所受的暗示是不同的。地面铺装正是利用这一点，用不同的材质对不同的交通区间进行划分，加强空间的识别性，同时约束人们的行为，使人们自觉地遵守各自领域内的规则，引导人们“各行其道”。

5. 承载功能

人们在场地中进行的各种活动都少不了地面铺装这一载体。一些铺装地还与公共绿地相结合，分隔不同的功能分区。如一些居住区都建有小广场，为大众提供活动空间，一些公园中还有专门的活动场地，满足大众户外活动的需求。

6. 景观功能

地面铺装除了具有使用功能以外，还可以满足人们深层次的需求，为人们创造优雅舒适的景观环境，营造适宜交往的空间。现如今的一些步行街道和公园游步道的铺装设计，采用人们常见的混凝土或者柏油铺装，可以满足交通需求，但却不会对整体环境有多大的优化，若采用精心设计的景观铺装，就能丰富景观美感，提升环境品质（图 4-2-12）。

图 4-2-12　韩国道路的地面铺装设计

7. 其他功能

活动场地中特别铺设的卵石道路对人体具有保健的作用；停车场所用的嵌草铺装可以提高绿化率；而居住区中的儿童活动场地使用的质地较软的铺装，还可以起到保护儿童安全的作用。

（三）现代地面铺装材料

我们通常根据路面交通量的强度等级来选择不同种类的铺装材料，而本书主要讨论以人行为主的景观道路和广场的铺装材料。

1. 地砖

（1）地砖，是指用震压的方式，将同一种材料制造成高密度的咬合型砖砌块。地砖的规格很多，普通的为 210 mm × 100 mm，荷兰形的为 230 mm × 115 mm，波浪形的为 291 mm × 284 mm 等，砖的厚度有 45 mm、60 mm、70 mm、80 mm、100 mm 等。其密度和颜色通体一致，表面不会龟裂脱皮，其耐磨性、透水性、防滑性较好，能承载较重的压力。

（2）植草砖，是在混凝土砌块的孔穴或接缝中栽植草皮，使草皮免受人、车踏压，一般用于停车场和消防通道，但不宜放在通行频率很高的停车场公共通道和广场出入口处，以免影响草皮的生长。目前，植草格也比较常用，它由高强度塑料制成，自重轻，植草面积大，抗压性强，是生态环保的新型材料，适用于停车场和消防通道的地面铺装。

2. 石材

（1）弹格石，常用的规格长 90 mm、宽 90 mm、高 45 mm~90 mm。常用于车道、广场和人行道的地面铺装，欧洲国家使用较多。弹格石有粗糙的饰面，接缝较深，防滑效果好，但不方便穿高跟鞋的人行走。

（2）花岗岩石材，是指在混凝土垫层上铺砌厚度为15 mm~50 mm的天然花岗岩，利用其不同的材质、颜色、饰面及铺砌方法，组合出多种铺设方式，常用于主要的景观节点、广场、建筑出入口处等。另外，还有砂岩、片岩等石材以及人造石材，广泛用于景观工程之中。在户外使用时，大多数花岗岩要进行烧毛等处理，以防行人滑倒受伤。

（3）分解花岗岩，由花岗岩碎片组成。最大的长达 70 mm，最小的只有米粒大小。与其他铺装材料相比，它是一种很好的混合材料，用途广泛。

该种材料有以下三种使用形式：

第一种为松散型分解花岗岩。国外的碎石景观路的面层常采用这种铺装材料，将它压紧，以便与下层的材料更加贴近。该种花岗岩最大的由粒径约为 6 mm 的花岗岩制成，最小的由形状相似的小细沙制成，并无任何添加物，是纯花岗岩制品。这种材料非常坚硬，但它易被腐蚀，需要定期维护。

第二种为带稳定剂的分解花岗岩，即在该材料中添加一定含量的稳定剂，使用年限可达 7—10 年。这种材料能使构筑物的外表更加坚固，但仍有些松散的质感。

第三种为带树脂的分解花岗岩，在构筑物的表面铺砌这种材料，使其看上去有像沥青一样的效果。该种分解花岗岩不易腐蚀，可使用 10~14 年之久。如果觉得它过于粗糙，可在表面涂上一层抛光漆。这种材料最适合用于倾斜表面上，再装上金属边框，会产生很好的景观效果。

3. 木材及竹材

（1）木材，常用于露台、滨水平台及休息区域等，它温和、舒适的色调及质感能形成温馨的环境，故而深受人们喜爱。但是，在国内由于酸雨的腐蚀以及大量人流的使用，易导致木材损坏，因此选用的木材应经久耐用，对环境污染小，如杭州西溪湿地中设计的亲水的木栈道和水平台，既让人们近距离地观赏湿地植物，又减少了对湿地环境的破坏。

（2）塑木，是将天然纤维素与热塑性塑料经过混合搭配形成的复合材料，具有仿造木材的效果。塑木材料可根据需要来调色，长短厚度也有不同的规格。当前为了保护环境，减少乱砍滥伐的现象，国家鼓励使用可再生的环保材料。塑木比较适合拼接和切割，不易受损和老化，防火、防虫等性能较好，解决了一般木材在潮湿和多水环境中吸水受潮后容易腐烂、膨胀变形的问题。北京奥林匹克广场和上海世博会公共区域的铺装都使用了塑木材料。

（3）竹材，是一种不同于木材的新材料，也是一种低碳环保、可持续使用的健康材料，非常适合用于景观建设工程当中。由于全球可利用的竹子 80% 以上都产于中国，所以它在国内具有规模生产的优势，而且竹材的生长周期短。

4. 混凝土

（1）现浇混凝土，在 20 世纪八九十年代常用于景观园路及活动场地的铺装中，造价低、施工方便，在设计上可以通过刷子拉毛、设置变形缝等方法，增加形式的变化，增添趣味性。如日本甲斐的某个小餐厅，在混凝土路面上嵌入不规则的石块、色彩多样的砖块以及古旧的木板，成本不高，但却形成了入口景观的趣味性，让人印象深刻。

（2）透水混凝土，中国城市地表不透水区域面积的增加，严重破坏了城市的生态环境，因此，透水性混凝土材料作为一种新材料已逐渐在景观领域中推广开来。它可以让雨水迅速地渗入地面，减轻排水设施的负荷，防止路面积水；而雨水又可以成为地下水，使地下水资源得到及时补充，保持土壤湿度，改善城市地表植物和土壤微生物的生存条件。同时，透水性混凝土具有较大的孔隙率，大量的孔隙能够吸收车辆行驶时产生的噪声，创造相对安静舒适的景观环境。

（3）压膜混凝土，该材料是指用预制好各种图案的模具制作出具有特殊纹理和效果的混凝土铺装，其模压图案的精美程度决定了景观效果的优劣。但是，该材料比较容易褪色，因此应尽量以人行为主，减少机动车辆在其表面通行带来的铺装磨损。日本东京银座、台场商业区的地面铺装均采用压膜混凝土，与建筑的风格相呼应。

（4）水洗石，该材料是利用配色的小砾石与具有光滑特性的混凝土相结合所形成的路面铺装材料。其施工流程是浇筑上述原料后，在 24 小时左右使之凝固到一定的程度，用刷子将表面刷干净，再用水冲刷，直到砾石均匀露出。

5. 其他铺装材料

（1）砂石（图 4-2-13），砂石比较质朴，色调比较平和，弹性也很好，比较适合营造轻松愉快的氛围和创造自然生态的环境。多将砂石（或碎石）、黏土（或沙土）、木屑等铺装材料结合起来铺成景观步行道。

（2）安全胶垫，该材料是利用特殊的黏合剂将橡胶垫粘在基础材料之上，然后铺装在混凝土路面上。它具有弹性，有安全和吸声等特点，常用于需要保护人群安全的场所中，如体育设施、幼儿园及各类学校的操场、医院等区域内。

图 4-2-13 砂石

三、地面铺装艺术表现要素

地面铺装表现变化多样，但万变不离其宗，主要通过色彩、形态、质感和尺度四个要素来组合不同的图案。

（一）艺术表现要素——色彩

地面铺装作为空间的背景，一般很少成为主景，所以其色彩常以中性色为基调，以少量偏暖或偏冷的色彩做装饰性花纹，做到稳定而不沉闷，鲜明而不俗气。如果色彩过于鲜艳可能会喧宾夺主，埋没主景，甚至会使景观杂乱无序。

色彩具有鲜明的个性，暖色调热烈、兴奋，冷色调优雅、明快；明朗的色调使人轻松愉快，灰暗的色调使人沉稳、宁静。铺地的色彩应与景观空间气氛相协调，如儿童游戏场可用色彩鲜艳的铺装，而休息场地则宜使用色彩素雅的铺装，灰暗的色调适用于肃穆的场所，但容易造成沉闷的气氛，用时要特别小心。根据色彩地理学的观点，地域和色彩是具有一定联系的，不同的地理环境造就了不同的色彩表现，因此在铺装上可选取具有地域特征的色彩以表现具有地方特色的景观。如澳门地区的城市铺地延续了地中海风情的传统特色，其市政厅广场地面采用黑白对比的色彩铺装，给人以强烈的心灵震撼。

（二）艺术表现要素——形态

铺装的形态是通过平面构成要素中的点、线和形得到表现的。点可以聚集人们的视线，成为焦点。在铺地上布置跳跃的点，能够增强视觉感受，给空间带来活力。线的运用比点的效果更强，直线带来安定感，曲线具有流动感，折线和波浪线则具有起伏的动感。形本身就是一个图案，不同的形产生不同的心理感受。例如，方形（包括长方形和正方形）整齐、规矩，暗示着一个静态停留空间的存在；三角形零碎、尖锐，具活泼感，如果将三角形有规律地组合，也可形成具有统一动势的、有很强指向作用的图案；圆形完美、柔润，是几何形中最优美的图形，如在水边散铺圆块，会让人联想到水面波纹、水中荷叶等；一些景观中还常用仿自然纹理的不规则形。

在铺装的使用中，一般通过点、线、形的组合达到实际需要的效果。点、线组成有规律排列的图形后可产生强烈的节奏感和韵律感，给人一种整洁的感觉。形状、大小相同的图形反复出现会显示出独有的韵律感，不同的铺装图案可形成不同的空间感，或精致、或粗犷、或安宁、或热烈，对所处的环境产生强烈的影响。景观铺地中有许多图案已成为约定俗成的符号，能让人产生种种联想，如波浪与海的联想，精致纹理与古典的联想，或者用类似河流的地坪铺装，使人联强到水体等。

（三）艺术表现要素——质感

质感是因材料质地不同而给人的不同感觉。自然面的石板表现出原始的粗犷质感，而光面的地砖则透射出华丽的精致质感。不同的材料有不同的质感，同一材料也可以加工出不同的质感。利用质感不同的同种材料铺地，很容易在变化中求得统一，达到和谐一致的铺装效果；利用不同质感的材料组合，其产生的对比效果会使铺装显得生动活泼，尤其是自然材料与人工材料的搭配，往往能使城市中的人造景观呈现出自然的氛围。

（四）艺术表现要素——尺寸与尺度

铺装图案的尺寸与场地的大小有关。大面积场地应使用大尺度图案的铺装，这有助于表现整体大效果，如果图案太小，铺装会显得琐碎。铺装材料的尺寸影响使用场所，大尺寸的花岗岩、抛光砖等材料适宜用于大空间，而中、小尺寸型材质，更适用于一些中、小空间铺装，其形成的肌理效果或拼缝图案往往能产生更多的形式趣味，利用小尺寸的铺装材料组合成大图案，也可与大空间取得比例上的协调。

总之，地面铺装的艺术设计要综合考虑色彩、形态、质感、尺度四个方面，这是仅就局部环境景观而言的，如果从整体环境景观考虑的话，地面铺装设计应与地形、水体、植物、建筑物、场地及其他设施相结合，形成完整的风景构图，创造出连续展示景观的空间或欣赏前方景物的透视线。

第三节　景观设计的水体设计及应用

在景观设计中，水体设计是整体景观设计的血脉，水本身所具有的流动性也是生命活力的体现。早在中国古代就有“智者乐水”的说法，当时的人们建造房屋时就要靠近水域，可见人们的亲水性从那时起就已经开始建立了。直到现在，水仍是现代景观设计不可缺少的元素之一。水不仅具有一定的生态价值，涵养水分，促进万物生长，同时，一处景观中有了水就可以调节当地的湿度与温度，降低有害气体的浓度，增加人们的舒适感（图 4-3-1）。

在进行水这一元素的设计时，我们要充分利用自然水，并借助不同形式的容器进行表达，同时，我们还可以进行自然水岸的设计，创造出不同形式的水景景观。景观中水的形态、气势，甚至水流的声音都蕴含着无穷的诗意、画意和情意，也表达着人们欣赏水景时的心情和心理情趣，丰富了空间环境，给人以美的享受和无限的遐想，是大众游乐和观赏的重要场所（图 4-3-2）。

图 4-3-1　重庆

图 4-3-2　重庆

一、水景设计的概念

水景观是指以水为主要的表现对象，通过一定的媒介来展现水的各种样貌、声音、色泽、边界等的一种设计手法。水的景观特性相对来说比较突出，有静止性、动态性、可塑性，可发出声音，可以倒映出周围的景物，可以与建筑物、灯光、植物等景观要素组合，创造出生动活泼、具有生命力的景观形态。

二、认识景观设计的水体类型

水体设计的分类方式有两种，按照水流的状态可以将水景分为静态水景和动态水景；按照水的围合方式可以将水景分为自然水景和人工水景。在静态水景中可以出现人工水景，在动态水景中也有自然水景的成分，可见水景设计是灵活多变的，重点在于如何去利用水资源，以及找到不同类型的景观分类中不同水景的设计方法。

（一）静态水与动态水

静态水是指流速相对缓慢的水资源，一般情况下都是水成片汇集所形成的湖泊、池塘、水库等。依靠天然的地下水源或人工的方法引水入池，它不仅可以出现在公园、居住区、广场内，连滨水景观有时也是静态水的表现，静态水宁静、安详，能给人带来舒适的感觉。我们可以利用静态水在不同的季节开展水上活动，比如，夏天游泳、垂钓、游车河等；冬天滑冰、玩冰球等，静态水能让人们近距离感受水体的存在，静态水还能种植水生植物，营造环境气氛。

静态水是打造虚空间的一种手法，借助水面倒影效应，映衬周围的建筑物与小品，将水上空间与水的倒影空间相结合，营造出完整的空间景象。

动态水相对于静态水来说流速是比较快的。水流的速度受地形地貌的影响较大，大到江、河、湖、海，小到溪、涧、沟、渠，都是动态水的表现形式。动态水具有一定的活力和动力，让人产生联想的空间比较大，变化形式也比较多，连绵不绝的水声和富有变化的水景颜色都备受人们喜爱。因此，动态水的设计是水景设计重点要打造和营造的方面。

动态水分为河流（4-3-3）、海浪、涌泉（4-3-4）、跌（叠）水（4-3-5）、喷泉、瀑布（4-3-6）等。

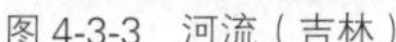

图 4-3-3 河流（吉林）

图 4-3-4 涌泉（济南的趵突泉）

图 4-3-5 跌（叠）水（九乡溶洞）

图 4-3-6 瀑布（吉林）

（二）静态水的营造方式

静态水主要靠人工水景来打造，自然的湖、池等我们无法利用景观设计手法进行大面积改造，但是我们可以利用一些水池造景手法加以设计，所以静态水就有如下三种表现形式：

（1）台地式：台地式是指水景的整体空间建于地面或高于地面界限。台地式水景往往与喷泉、旱喷等水景组合设计，达到动静、虚实相结合的效果。

（2）下沉式（图 4-3-7）：下沉式是局部地面下沉，且水面低于地面的一种设计手法，人们通过俯视来观看水景，并限定了水域范围，可以与喷泉、涌泉一并使用。

（3）溢出式：溢出式是台地式与下沉式水景形式的延伸，水池的水面可以与边缘或地面一齐，水还可以溢出，真正呈现了亲水的特点。

图 4-3-7 下沉式水景（重庆）

（三）自然水景和人工水景

自然水景指由于自然地形的高低水位不同而形成的水的不同形态，一般面积较大，自然水景往往能创造和谐的自然情趣。当人们走在自然风光中，自然水景就显得恰到好处，但当我们来到广场、公园等现代景观设计场景中，多见的还是人工水景。

人工水景的设计要借助水的流动效果来营造富有活力的空间气氛，人为地改变地形地貌，借助一定的电力设备手段来控制水流的方向以及速度，用光电效应使水景在夜晚也有同样的美学价值，通过水域的边界设计满足人们的参与性，并与其他的景观雕塑、小品相结合，使自然与人工相协调，创造出别样的室外景观空间。人工水景按照空间的不同可以有多种形式，例如，跌水（瀑布、叠水、水帘）、喷泉（喷水、涌泉、旱喷、喷雾）、溪涧等。

1. 跌水

跌水（图 4-3-8）是沟底为阶梯形，呈瀑布跌落式的水流。分为天然跌水和人工跌水，人工跌水主要用于缓解高处落水的冲力。跌水是园林水景（活力）工程中的一种，一般而言，瀑布是指自然形态的落水景观，多与假山、溪流等结合；而跌水是指规则形态的落水景观，多与建筑、景墙、挡土墙等结合。瀑布与跌水表现了水的坠落之美。瀑布之美是原始的，自然的，富有野趣的，它更适合于自然山水园林；跌水则更具有形式之美和工艺之美，其规则整齐的形态，比较适合简洁明快的现代园林和城市环境。

（1）瀑布（图 4-3-9）：瀑布在地质学上叫跌水，即河水在流经断层、凹陷等地区时垂直地跌落。在河流的时段内，瀑布是一种暂时性的特征，它最终会消失。侵蚀作用的速度取决于特定瀑布的高度、流量、有关岩石的类型与构造，以及其他一些因素。

图 4-3-8 跌水（云南）

图 4-3-9 瀑布（九乡）

俗话说“水为庭院灵魂”，由此可见水在园林景观中的重要作用。水与周围景物结合，便会表现出或悠远宁静，或热情昂扬，或天真质朴，或灵动飞扬的意境，艺术地再造自然之魂，从而产生特殊的艺术感染力，使城市景观更添迷人的魅力。因此，景观瀑布作为水景形态之一，在城市景观设计中运用较多。

景观瀑布的分类：

· 自然式瀑布，即模仿河床陡坎的形式，让水从陡坡处滚落下跌形成恢宏的瀑布景观。此类瀑布多用于具有自然景观与情趣的环境中。

·规则式瀑布，即强调落水的规则性与秩序性，有着规整的人工构造落水系统，可形成一级或多级跌落形式的瀑布景观，此类瀑布多用于较为规整的建筑环境中。

·斜坡瀑布，即落水由斜面滑落的瀑布景观。它的表面受斜坡表面质地、结构的影响。体现出较为平静、含蓄的意趣，适用于较为安静的场所。

（2）叠水：喷泉中的水分层连续流出，或呈台阶状流出称为叠水。中国传统园林及风景中，常有三叠泉、五叠泉的形式，外国园林如意大利的庄园，更是普遍利用三坡地，造成阶式的叠式。

（3）水帘：水由高处直泻下来，由于水孔细小、单薄，流下时仿若水的帘幕。这种水态在古代亦用于给亭子降温，水从亭顶向四周流下，如帘一般，称为“自然亭”，现今这种水帘亭亦常见于园林中。

2. 喷泉

喷泉原是一种自然景观，是承压水的地面露头。园林中的喷泉，一般是为了造景的需要，人工建造的具有装饰性的喷水装置。喷泉可以湿润周围空气，减少尘埃，降低气温。喷泉的细小水珠同空气分子撞击，能产生大量的负氧离子。因此，喷泉有益于改善城市面貌，增进居民的身心健康。喷泉是一种将水或其他液体经过一定压力通过喷头喷洒出来，具有特定形状的组合体，提供水压的一般为水泵。

喷泉是在由人工构筑的整形或天然泉池中，以喷射优美的水姿，供人们观赏的水景。喷泉是园林设计重要的组成部分。现代园林中，除了植物景观外，喷泉也是重要的景观，它是一种水景艺术，体现了动静结合，形成了明朗活泼的气氛，给人以美的享受；同时，喷泉还可以增加空气中的负氧离子含量，起到净化空气、增加空气湿度、降低环境温度等作用，因此深受人们喜爱。喷泉的种类很多，大体可以分为以下几种：

·普通装饰性喷泉，由各种花形图案组成的固定的喷泉。

·与雕塑结合的喷泉，喷泉与雕塑等共同组成景观。

·水雕塑，由人工、机械塑造出各种大型水柱的姿态，形成景观。

·自控喷泉，利用电子技术，按照设计程序控制水、光、音、色等，形成奇异、变幻的景观。

·其他类型，除了以上类型以外，还有高喷泉、旱喷泉、叠泉、音乐喷泉、跑泉、跳泉、浮动喷泉、小品泉、意动泉、音乐跑泉等，还可以通过喷雾形成独特的水景。

随着光、电、声及自动控制装置在喷泉上的应用，音乐喷泉、间歇喷泉、激光喷泉等形式的出现，更加丰富了喷泉的内容，也丰富了人们在视觉、听觉上的双重感受。我国历史上著名的喷泉，如北京圆明园大水法喷泉群以及现代的北京天安门城楼两侧的喷泉和国庆节天安门广场上的临时喷泉群等都非常雄伟壮观，博得了中外游人的好评。

（1）喷水：一种喷水器，包括一管座和一喷水头，能使水向特定方向或四方喷洒，主要用于植物灌溉。

（2）涌泉：涌泉是指水由下向上冒出，不作高喷，称为涌泉。如济南市的趵突泉，就是大自然中的一种涌泉。如果用人工设计不同压力及图形的水头，亦可产生不同形体、高低错落的涌泉。现今流行的时钟喷泉、标语喷泉，都是以小小的水头组成字幕，利用电脑控制时间、涌出泉水而成的。

（3）旱喷：也称旱地喷泉、旱式喷泉，简称旱喷。它将喷泉设施放置在地下，喷头和灯光设置在网状盖板以下。喷水时，喷出的水柱通过盖板或花岗岩等铺装孔喷出来，以达到既不占休闲空间又能观赏的效果。水池、喷头、灯光均隐藏在盖板下方，水柱通过盖板之间的小孔喷出，不喷水时表面整洁开阔。

（4）喷雾：喷雾就是人工造雾。简单的说就是用高压系统将液体以极细微的水粒喷射出来，这些微小的人造雾颗粒能长时间漂移、悬浮在空气中，从而形成白色的雾状奇观，极像自然雾，故曰喷雾。喷雾是一种悬浮在气体（如空气）中的微小粒子的混合物，这种粒子可能是极小滴的水或颜料。

3. 溪涧

泉瀑之水从山间流出的一种动态水景。溪涧宜多弯曲，以增长流程，显示出源远流长、绵延不尽的姿态。多用自然石岸，以砾石为底，溪水宜浅，可数游鱼，又可涉水。游览小径时须缘溪行，时踏汀步，两岸树木掩映，表现山水相依的景象，如杭州的“九溪十八涧”；有时河床石骨暴露，流水激湍有声，如无锡寄畅园的“八音涧”。

曲水也是溪涧的一种，今绍兴兰亭的“曲水流觞”就是用自然山石以溪涧的方法设计成的。有些园林中还设计了“流杯亭”——在亭子中的地面上凿出弯曲成图案的石槽，让流水缓缓而过，这种做法已演变成为一种建筑小品。

三、景观设计中水体的作用

水是生命之源，与人类的生活息息相关。在中国传统园林中就有“无水不成园”之说。随着中国景观设计的发展，水体成为园林景观设计中不可缺少的一种元素。水体具有景观效果，可改善环境，调节气候，控制噪声，提供生活用水、生产用水，提供体育娱乐活动场所，为观赏性水生动物和植物提供生长条件，为生物多样性创造必要环境等。由此可见，园林水体不仅仅是一种景观。园林水体的用途包括以下几方面。

（1）形成园林水体景观。喷泉、瀑布、池塘等都以水体为题材，水成了园林的重要构成要素，也引发了无穷尽的诗情画意。冰灯、冰雕也是水在非常温状态下的一种观赏形式。

（2）改善环境，调节气候，控制噪声。矿泉水具有医疗作用，负氧离子具有清洁作用，都不可忽视。

（3）提供生活用水。生活用水中最值得回味的是品茗饮茶，开门七件事，最后一件就是茶。茶引发了茶圣陆羽在《茶经》中对水的评价：“山水上，江水中，井水下。”

（4）提供生产用水。生产用水范围很广泛，其中最主要的是植物灌溉用水，其次是水产养殖用水，如养鱼、蚌等。这两项内容同园林面貌和生产、经营息息相关。

（5）提供体育娱乐活动场所，如游泳、划船、溜冰，以及现在休闲的热点，如冲浪、漂流、水上乐园等。

（6）为观赏性水生动物和植物提供生长条件，为生物多样性创造必要环境。如各种水生植物（荷、莲、芦苇等）的种植和天鹅、鸳鸯、锦鲤鱼等的饲养。

（7）交通运输。较大型水面，可作为陆上运输的补充。

（8）汇集、排泄天然雨水。此项功能，在认真设计的园林中，会节省不少地下管线的投资，为植物生长创造良好的立地条件。相反，污水倒灌、淹苗，又会造成意想不到的损失。

（9）防护、隔离。如护城河、隔离河，以水面作为空间隔离，是最自然、最节约的办法。引伸来说，水面创造了园林迂回曲折的线路，隔岸相视，可望不可即。

（10）防灾用水。救火、抗旱都离不开水。城市园林水体可作为救火备用水，郊区园林水体、沟渠是抗旱的天然管网。

四、景观设计的水景设计原则

1. 满足功能性要求

水景的基本功能是供人观赏，因此它必须是能够给人带来美感，使人赏心悦目的，所以设计首先要满足艺术美感的要求（图 4-3-10）。

水景也有戏水、娱乐与健身的功能。随着水景在住宅小区领域的应用，人们已不满足于只是观赏，更需要的是亲水、戏水的感受。因此，设计中出现了各种戏水旱喷、涉水小溪、儿童戏水泳池及各种水力按摩池、气泡水池等，此类设计使景观水体与戏水娱乐健身水体合二为一，丰富了景观的使用功能。

图 4-3-10 天津

水景还有小气候的调节功能。小溪、人工湖、各种喷泉都有降尘、净化空气及调节湿度的功能，尤其是它能明显增加环境中的负氧离子浓度，使人心情舒畅，具有一定的保健作用。水与空气接触的表面积越大，喷射的液滴颗粒越小，空气净化效果越明显，负氧离子产生的也就越多。因此，设计中可以酌情考虑上述功能进行方案优化。

2. 环境的整体性要求

水景是工程技术与艺术设计相结合的产品，它可以是一个独立的作品。但是一个好的水景作品，必须要根据它所处的环境氛围、建筑功能要求来进行设计，并要和建筑园林设计的风格协调统一。

水景的形式有很多种，如流水、跌水、静水、喷水等，而喷水又因有各式的喷头，可形成不同的喷水效果。即使是同一种形式的水景，因配置不同的动力水泵也会形成大小、高低、急缓上不同的水势。因而在设计中，要先研究环境，从而确定水景的形式、形态、平面及立体尺度，与环境相协调，形成和谐的量度关系，构成主景、辅景、近景、远景的丰富变化。这样，才能做出一个好的水景设计。

3. 技术保障

水景设计分为几个专业：①土建结构（池体及表面装饰）、②给排水（管道阀门、喷头水泵）、③电气（灯光、水泵控制）、④水质控制。各专业都要注意实施技术的可靠性，为统一的水景效果服务。

水景最终的效果不是单靠艺术设计就能实现的，它必须依靠每个专业具体的工程技术来保障，因此，每个方面都很重要。只有各个专业协调一致，才能达到最佳效果。

4. 运行的经济性

在总体设计中，不仅要考虑最佳效果，还要考虑系统运行的经济性。不同的景观水体、不同的造型、不同的水势所需的能量是不一样的，即运行经济性是不同的。通过优化组合与搭配、动与静结合、按功能分组等措施都可以降低运行费用。

五、景观设计的水岸处理

水体形状是湿地公园的造景要素，自然水体一般分溪流和池塘两种类型。对溪流或河流应严禁截弯取直。公园水体形状也应符合自然界水流运行规律，使设计出的形状成为自然界的一部分，满足人们亲近自然的心理需求。

目前水岸设计的不足之处：在有些水体景观设计中，为避免池水漫溢，岸线护坡采用混凝土砌筑的方法。这种设计破坏了天然湿地对自然环境所起的过滤、渗透等作用，破坏了自然景观。有些设计在岸边一律铺以大片草坪，这样的做法盲目地追求绿化视觉效果，没有考虑到生态与环境的作用。人工草坪的自我调节能力很弱，需要进行大量的养护管理工作，如人工浇灌、清除杂草、喷洒药剂等，残留的化学物质被雨水冲刷，又流入水体，会造成人工污染。因此，草坪不仅不是一个人工湿地系统的有机组成部分，相反还加剧了湿地的生态负荷。

目前使用较多的生态驳岸有三种：自然原型驳岸、自然型驳岸、多种人工自然驳岸。

（1）自然原型驳岸：主要采用植被保护河堤，以保持自然堤岸特性，如种植柳树、杨柳、乌桕等乔木以及芦苇、菖蒲、香蒲等水生植物，由这些植物的根系来稳固堤岸，保护河堤。这种方法多用于坡度小的堤岸设计中，丰富了河堤的景观，还为多种生物提供了生存空间，缓坡有利于加强水陆联系。这种驳岸可以满足人们的亲水性。

（2）自然型驳岸（图 4-3-11）：不仅种植植被，还采用天然石材、木材护底，以增强堤岸的抗洪能力，如在坡脚采用石笼、木桩或石块（设有鱼巢）等护底，其上筑有一定坡度的土堤，斜坡种植植被，乔灌草相结合，固堤护岸。这种形式在我国传统园林设计中有很好的应用。

（3）多种人工自然驳岸：在自然型护堤的基础上，再用钢筋混凝土等材料，确保堤岸抗洪能力，如将钢筋混凝土柱或耐水原木制成梯形箱状框架，并向其中投入大的石块，或是插入不同直径的混凝土管，形成很深的鱼巢，再在箱状框架内埋入大柳枝、水杨枝等；邻水侧种植芦苇、菖蒲等水生植物，使其在缝中长出繁茂、葱绿的草木。

图 4-3-11　自然型驳岸（重庆）

第四节　景观设计的植物配置与应用

园林植物是构成园林景观的一个重要而又关键的因素，做好植物的配置是进行园林设计的重要工作。植物不仅可以改善生活环境，为人们提供休息和文化娱乐的场所，而且还为人们创造了游览、观赏的艺术空间。园林植物种类繁多，每一种都有特定的体貌形态和生理特征，我们可充分利用园林植物的多样性，运用各种艺术设计手法，搭配组合出丰富多彩的园林空间（图 4-4-1、图 4-4-2）。

图 4-4-1　西双版纳

图 4-4-2　欧洲

一、常见的园林植物的基本类型

在园林绿化中，园林植物的移栽是必不可少的一个环节，常见的园林移植植物依照树木的生长类型可分为乔木植物、灌木类植物、丛木类植物、藤本类植物、匍地类植物等。

二、植物的种类

（一）乔木

乔木类植物（图 4-4-3）通常树体高大，一般情况下有 6 m~10 m，甚至更高，并具有明显的高大主干。乔木类植物依据其高度又可分为 4 类，高达 31 m 以上的很少见，通常属于伟乔木；高度在 21 m~30 m 的乔木属于大乔木；高度在 11 m~20 m 的乔木则属于中乔木；小乔木的高度在 6 m~10 m；绿化中常见的移植乔木多是中、小乔木。

图 4-4-3　西双版纳 热带花卉园

（二）灌木

灌木类植物通常树体矮小，一般高度低于 6 m，主干低矮，绿化中常用灌木类植物配合乔木类植物进行搭配，形成高低景，可明显提高绿化效果，是绿化中常用的风景类植物。

（三）草坪和地被类植物

草坪是用多年生矮小草本植株密植，并经修剪而成的人工草地。18世纪英国自然风景园中出现了大面积的草坪。中国近代园林中也出现过草坪。草坪一般设置在屋前、广场、空地和建筑物周围，供观赏、游憩或做运动场地之用。草坪按用途分为：游憩草坪（图4-4-4）、观赏草坪、运动场草坪、交通安全草坪和保土护坡草坪。用于城市和园林中草坪的草本植物主要有结缕草、野牛草、狗牙根草、地毯草、钝叶草、假俭草、黑麦草、早熟禾、剪股颖等。

地被植物是指用于覆盖地面、防止水土流失，能吸附尘土、净化空气、减弱噪声、消除污染并具有一定观赏和经济价值的植物。随着我国园林绿化事业的不断发展，地被植物已被广泛应用于环境的绿化美化，尤其是在园林配置中，其艳丽的花果能起到画龙点睛的作用。

图 4-4-4　游憩草坪（齐齐哈尔）

（四）花卉

花卉的意义分广义和狭义两种：狭义的花卉是指具有观赏价值的草本植物，如君子兰、水仙、菊花、鸡冠花、仙人掌等；广义的花卉除了指有观赏价值的草本植物外，还包括草本或木本的地被植物、花灌木、开花乔木以及盆景等，如麦冬类、景天类、丛生福禄考等地被植物，梅花、桃花、月季、山茶等乔木及花灌木等。

另外，分布在南方地区的高大乔木和灌木，移至北方寒冷地区，可以做温室盆栽观赏，如白兰、印度橡皮树等，棕榈植物等也被列入广义花卉之内。花卉的种类极多，范围广泛，不但包括有花的植物，还有苔藓和蕨类植物。其栽培应用方式也多种多样。因此，花卉分类由于依据不同，有多种分类方法，依据花卉植物的生活型与生态习性进行的分类，应用最为广泛。露地花卉就是在自然条件下，完成全部生长过程，不需保护地栽培的花卉。露地花卉依其生活史可分为三类。

（1）一年生花卉，在一个生长季内完成生活史的植物。即从播种到开花、结实、枯死均在一个生长季内完成。一般春天播种、夏秋生长，开花结实，然后枯死，因此一年生花卉又称春播花卉。如风仙花、鸡冠花、百日草、半支莲、万寿菊等。

（2）二年生花卉，在两个生长季内完成生活史的花卉。当年只生长营养器官，越年后开花、结实、死亡。这类花卉，一般秋天播种，次年春季开花。因此，这类花卉常被称为秋播花卉。如五彩石竹、紫罗兰、羽衣甘蓝、瓜叶菊等。

（3）多年生花卉，个体寿命超过两年的，能多次开花结实的花卉。根据其地下部分形态变化，又可分两类：①宿根花卉：地下部分形态正常，不发生变态的。如芍药、玉簪、萱草等；②球根花卉：地下部分变态肥大者。

（五）藤本类植物

藤本类植物主要指能缠绕或攀附他物生长的木本植物，藤本类植物在绿化中较多应用于公园建筑，例如用于亭子建设，走廊装饰，夏季遮阳等。藤本类植物依据其生长特点分类，绞杀类的藤本植物具有缠绕性，干茎粗壮，并附有发达的吸附根，如果植物碰到这类藤本植物多数会被缠绕而死；吸附类的主要借助吸盘，吸附根攀附植物生长，例如，爬山虎借助吸盘，凌霄借助吸附根等；卷须类则主要借助卷须向上生长，例如葡萄。

（六）水生植物

水景是园林的灵魂，而水生植物则是衬托水景的重要植物。水生植物在水中有着独特的优势，具有很高的观赏价值，能够改善水质、净化富营养化水体。因此，在园林景观设计中，水体景观营造以其贴近自然、迎合人们追求原生态的审美需求而受到大众的青睐。

水生植物是指在水环境中生长的植物，它对水分的依赖和需求远远高于其他植物，因此形成了独特的生活习性。水生植物色彩丰富、种类繁多、病虫害少、应用范围广，是园林绿化的重要组成部分，在园林绿化中的应用也越来越广泛。根据水生植物的生活方式与形态特征，可将最常见的园林水生植物分为漂浮型、浮叶型、挺水型和沉水型四种（图 4-4-5）。

图 4-4-5　水生植物（西双版纳 热带花卉园）

三、各类景观植物的设计方法

（一）乔木的配置方式

园林植物配置中乔木的运用最为广泛，配置方式也多样化，可孤植，也可二二、二三群植等。大乔木、中乔木、小乔木的造型美观，叶子色彩亮丽，易栽种，都可以用在不同的场合，用于营造景观效果。

1. 孤植

主要显示树木的个体美，常作为园林空间的主景。对孤植树木的要求是：姿态优美，色彩鲜明，体形略大，寿命长而有特色。周围配置的其他树木，应保持合适的观赏距离。在珍贵的古树名木周围，不可栽植其他乔木和灌木，以保持其独特风姿。用于庇荫和孤植的树木，要求树冠宽大，枝叶浓密，叶片大，病虫害少，以圆球形、伞形树冠为好。

2. 对植和列植

即对称地种植大致相等数量的树木，多应用于园门、建筑物入口、广场或桥头的两旁。在自然式种植中，虽不要求绝对对称，对植时也应保持形态的均衡。列植也称带植，是成行成带地栽植树木，多应用于街道、公路的两旁，或规则式广场的周围。如用作园林景物的背景或隔离措施等，一般宜密植，形成树屏。

3. 丛植

三株以上不同树种的组合，是园林中普遍应用的方式，可用作主景或配景，也可用作背景或隔离措施。配置宜自然，符合艺术构图规律，务求既能表现植物的群体美，又能看出树种的个体美。

4. 群植

同树种的群体组合，树木的数量较多，以表现群体美为主，具有“成林”之趣。

（二）灌木在景观中的应用

在园林植物的种植中，乔灌木是园林绿化的主体，所以比重较大。在造景方面，乔木往往成为园林中的主景，它们有着茂密的枝叶，潇洒的树枝，秀美的树冠，起伏的林冠等。乔木在组织、划分和增大园林空间上均起到了良好的作用。灌木在园林景观上主要以花色、芬芳、果实供人亲近。灌木是指树木体形较小，主干低矮或者茎干自地面呈多生枝条而无明显主干的植物。在园林应用中灌木通称为花灌木，通常指具有美丽芳香的花朵、色彩丰富的叶片或诱人可爱的果实等观赏性状的树木和观花小乔木。灌木在园林绿化中，有着不可或缺的地位。绿化道路、公园、小区、河堤等处，只要有绿化的地方，多数都有灌木的应用。

（三）花卉在景观中的应用及配置

1. 花坛

花坛是指在一定范围的畦地上按照整形式或半整形式的图案栽植观赏植物以表现花卉群体美的园林设施。在具有几何形轮廓的植床内，种植各种不同色彩的花卉，运用花卉的群体效果来表现图案纹样或观看花开时绚丽景观的花卉运用形式，以突出色彩或华丽的纹样。

2. 花镜

花境是园林绿地中又一种特殊的种植形式，是以树丛、树群、绿篱、矮墙或建筑物作为背景的带状自然式花卉布置，是模拟自然界中林地边缘地带多种野生花卉交错生长的状态，运用艺术手法提炼、设计成的一种花卉应用形式。

3. 花丛和花群

园艺中的花丛是用几株或几十株花卉组合成丛，以显示华丽色彩为主，极富自然之趣，管理比较粗放。

4. 花台

花台是高出地面的栽种花木的种植地。九华山高山景区就有用花台直接命名的景区，位于天台峰北，因盛产山花而得名，是九华山风景区新开发的以自然景观为主的游览区。

5. 花钵

花钵是种花用的器皿，摆设用的器皿，为口大底端小的倒圆台或倒棱台形状，质地多为砂岩、泥、瓷、塑料及木质。为了美化环境，现代出现了许多特制的花钵、花盆来代替传统花坛。由于其装饰美化简便，被称作“可移动的花园”。

（四）草坪与地被植物在景观中配置及应用的区别与联系

地被植物是指低矮的覆盖在地表面的植物群落。草坪是地被的一种，是低矮、绿色、以禾本科多年生草本为主，经人工修剪成绿毯状，密盖在地面上的人工草地。草坪是地被植物的一大类型，二者同属于地面覆盖植物范畴。在长期的实践中，草坪已经形成了一个独立的体系，在生产与养护管理等方面与其他地被植物不同。草坪与地被的不同之处主要有以下几点。

（1）种类上草坪只包括草本植物；地被植物则包括草本、木本、藤本、竹类植物。

（2）管理方式上草坪常需刈割、浇水、施肥、除草，管理要求极精细；地被植物取其自然株形，管理简单粗放。

（3）景观效果上草坪以观叶为主；地被植物则可观花、果、叶、枝，色彩丰富，有季相变化。

（五）藤本植物的应用

在垂直绿化中常用的藤本植物，有的用吸盘或卷须攀缘而上，有的垂挂覆地，用长的枝和蔓茎、美丽的枝叶和花朵组成景观。许多藤本植物除观叶外还可以观花，有的藤本植物散发着芳香，有些藤本植物的根、茎、叶、花、果实等还可以用作药材、香料等。利用藤本植物发展垂直绿化，可提高绿化质量，改善和保护环境，创造景观、生态、经济三相宜的园林绿化效果。

（六）水生植物在景观中的应用

水生植物以其洒脱的姿态、优美的线条、绚丽的色彩点缀着水面和堤岸，增强了水体的美感。此外，像水葱修长的茎秆，伞草碧绿的苞片等，都是水生植物园中观叶的好材料。通过种植野生的水生植物，能使水景野趣横生（图 4-4-6）。水生植物可以美化城市环境，加以艺术规划配置于水中，可装点人们的生活。例如，将水生植物引入室内，足不出户即可领略大自然风光。水生植物也和其他植物一样，能调节温度和湿度、吸收二氧化碳和有害气体，增加氧气含量，分泌杀菌素等以净化空气，人们在学习工作之余，凝视着青枝绿叶及鲜艳的花朵，呼吸着甜美香气，可消除视觉疲劳，增进身心健康，陶冶情操（图 4-4-7）。

图 4-4-6　杭州

图 4-4-7　西双版纳 热带花卉园

四、植物在景观设计中的作用

园林为人们提供了休息和文化娱乐的场所，而且还为人们创造了游览、观赏的艺术空间。园林景观中的组成元素很多，但如果缺少植物，就不能称为真正的园林了。因此，植物在园林景观中有着举足轻重的作用。

（一）分割空间的作用

植物对空间的分割大体上可以分为完全分割和不完全分割两种。完全分割指视线和道路全部被植物遮挡，这是对植物作为障景的充分利用；不完全分割是可观不可行或可行不可观，抑或是既可观又可行的示意性景观。利用植物这种软质景观来分割空间比景墙等硬质景观更亲近自然。

（二）连接和过渡作用

植物的连接与过渡作用不仅可以丰富局部景观，还可以作为两个景观空间的过渡。两个景观空间若简单地直接连用，缺少缓冲，会给人以突兀的感觉。另外，行人身处过渡空间中，不仅可以回味上一个空间，还可以向往下一个空间，因此，过渡空间还起着引导的作用。

（三）遮蔽视线的作用

功能性很强的树种在水平遮蔽空间的时候，需要周边的植被与它形成统一与对比。半遮蔽空间的特点是植物的设计高度通常低于人的视线，能对人的行为做出一定程度的阻止和隔离，但是无法阻止视线的通透性，具有一定的开敞性。这时低矮的植物会融入人视线形成的画面中，不仅起到了一定程度上的隔离功能，也与远景形成对比，成为风景中的构图元素和审美要素（图 4-4-8）。

图 4-4-8　植物的遮蔽作用（韩国）

（四）私密性控制作用

植物的设计与搭配可以营造私密性，植物私密性的表达可以增强院落感和归属感，是家的延伸。例如，在住宅区楼房的入口区域前面设计私密性的景观绿地，可以使整个楼的居民拥有一块共同的“庭院”。这种设计类似于中国传统的回廊式建筑或四合院的形式，在一定程度上满足了居民在私域界定上的要求。

五、西方园林景观的植栽设计

当代西方园林景观设计与大地艺术的结合：园林景观设计之所以称为大地艺术是因为这种艺术存在主要是利用大地材料，并且在大地上进行艺术创造的一种艺术方式。园林景观设计主要包含两个本质特征，一个特征是大，意思就是说这种艺术表现出来的体积较大；另一个特征是地，也就是说，这种艺术主要是与大地相联系的，其艺术创造所使用的材料往往是与土地相关联的，艺术家使用的材料也是来自大地中的。西方园林景观设计思想的飞跃，离不开大地艺术对其的重要影响。大地艺术与西方园林景观设计在风格上并没有达到统一，园林景观设计不统一的创作思路，反而拓展出多种多样的园林景观设计手法，在不同的风景园林景观设计中，大地艺术的融入会使各个园林呈现出独具一格的设计。

1. 西方古典园林的设计手法及发展历程

西方古典园林有其重要功能，囊括生产、遮荫、游乐、赏玩、装饰观赏、空间组织、环境生态以及建筑材料等八大功能。为了实现植物的观赏功能，人们将自然引入庭院来装点环境，营造绿意和生气。为了提高空气湿度，降低热度，人们利用植物景观实现遮荫以及调节环境小气候的功能。同时，人们还适当种植水果、蔬菜和芳香产品等具有经济价值的植物，以便实现经济生产的功能。伴随着西方园林修剪技术的不断发展，景观植物造型的装饰功能大大提高。另外，植物替代建筑材料的现象也变得越来越普遍，各种园林建筑、墙体以及砖石构筑室外空间被一些特色植物代替。各种功能的设计不断走向完善，反映出设计者的广博智慧。他们以列植、间植等方式布置树木，并对林荫大道、遮荫散步道、浓荫曲径等进行改进，设计手法不断推陈出新。此外，在古代园林到现代园林这一漫长的发展过程中，园林植物景观的生产、观赏、装饰等功能的设计手法也得到了极大发展，更好地实现了植物景观的功能。

2. 西方现代园林植物景观功能的设计方向

随着西方园林设计理念的变化，园林植物景观的功能也出现了不同程度的改变。在西方，园林的演进随着时代的发展，历经了古代园林、中世纪园林、文艺复兴时期园林、勒诺特尔式园林、风景式园林、风景园艺式园林和现代园林。在这个漫长的发展过程中，植物景观随着人们对园林功能要求的发展而变化，进而演变发展出丰富的设计手法。现代植物景观在保留生产、遮荫、游乐、赏玩、装饰观赏、空间组织，以及建筑材料这七类功能的基础上更加注重环境生态功能，设计方向倾向于由一些特点突出的乡土或归化植物与其生境景观所组成的各类不同的自然景色上。例如，在城市的花园中设立自然保护地，种植当地的一些未经驯化的美丽植物，以展现沼泽、荒野等自然景观，营造天然的生态园林。1937 年，詹森和赖特在美国春田城附近设计和建造了具有草原风格的林肯纪念园。他充分利用了当地的自然条件，养护工作较少，对园林的管理费用投入较低。随着植物的自然生长，林肯纪念园的园林植物景观逐步稳定下来，各类草原植物得到了生长的空间，进一步突出了草原植物自然演变的属性。此后，法国景观设计大师吉尔·克莱芒在《动态花园》中提出：“在自然中应留出一块净土，人们不应克制它的自然演变，这是理想园林的代表。我认为我是朝着这个方向努力的，尽管要走的路还很长。”克莱芒强调突出植物自然演变的属性是现代植物景观设计的一个方向。

六、当代中国的植栽设计

我国的古典园林植物景观设计十分注重遮荫、气氛营造以及装饰等方面的功能。古代园林设计者凭借画家的眼光和诗人的心理阐释自然山水，充分把握大自然中各种美景的特征，并以写意的手法设计每一处植物景观。他们把乔、灌、草等植物高效分布在庭院之中，逼真地模拟了峰峦沟壑的自然景观。同时，他们还善于“以有限面积，造无限空间”，并形成了独具特色的造园手法和空间表现手法（图4-4-9）。

图4-4-9 西双版纳

选择植物时应做到适地适树，以确保景观植物的正常生长和绿地效果的正常发挥。应避免不顾实际地片面追求外来树种、珍稀树种和名贵树种，在具体实践中应尽可能多地运用本土植物营造居住区植物景观。在居住区环境中，由于建筑楼群相对密集，不同地段的小环境差异十分显著。因此，楼群的南面可多用阳性植物，楼群的背阴面和密集的楼栋之间则应尽量选择耐阴植物；地下管线密集的地段，可较多地选择浅根性树木或多用草坪、草花和地被植物；在建筑垃圾多、土质较差的地方，应选择较粗放、耐瘠薄、易成活的树种。景观优美方面，通过配置形成观形、观花、观叶、观果的植物并存，形、姿、色、香、声、韵交相辉映，季相、色相变幻丰富的居住区植物景观。关注植物意境，结合景观自身的文化特色和景观意韵，利用植物的联想美，创造个性鲜明的小区文化景观。

古树名木由于年代久远或者品种稀缺，是国家的宝贵财富，也是自然界和前人留下的珍贵遗产，被称为绿色文物，活的化石，具有重要的科学、文化、经济价值。它是一个地方、一个时代的象征。保护好古树名木，就是保护好当地的文化遗产，也是经济蓬勃发展的标志之一。

在我国，有许多有文化内涵的植物，比如，竹子寓意生命的弹力、长寿、正直不屈；莲花，出淤泥而不染，濯清涟而不妖，被赋予了不为世俗染污、留得一身清白的文化形象。而观赏植物所蕴含的文化内涵则表现在盆景和插花上。因为它们能够综合性地反应人类赋予植物的各种深厚内涵，全方位地体现各个民族具体的感情好恶和文化底蕴，能在不经意间展露各个民族文化的差异性。

植物景观设计同样遵循着绘画艺术和造园艺术的基本原则，即统一、调和、均衡三大原则（图 4-4-10）。下面就这三大原则展开分析。

图 4-4-10　重庆

（1）统一原则。在植物色彩搭配中，绿色为园林景观中的主要色相，其明度不高，色彩中性，可以缓和其他色相，在园林里起着统一整个背景的作用。同一色相的植物可以塑造整体、统一的色彩气氛。

（2）调和原则。和谐的色彩指的是一种色彩中包含另一种色彩的成分，例如，红与橙、橙与黄、黄与绿、绿与蓝、蓝与紫、紫与红等。互补色相搭配，有时容易产生过渡、跳跃的效果，可选用过渡色进行调和。

（3）均衡原则。互补色相搭配时，若面积大小一致，容易造成色彩不平衡的问题，因此，一般亮度高的植物面积应小于亮度低的植物，以达到色彩平衡。

第五节　景观设计中的环境小品设计

景观空间设计除了上述几种要素之外，还需要有给人们提供各种服务的公共设施和供人们观赏的公共艺术品，我们可以把这两类要素统称为景观设计中的环境小品。景观设计中的环境小品设计是多种设计学科相结合的结果，它不仅反映了人们的审美价值，也是一个城市发展与否的关键。环境小品既要满足自身使用功能要求，又要满足景观造景的要求，以求与整个景观环境融为一体。

一、景观设计中环境小品的概念

环境小品是指在环境条件既定的情况下，存在于空间中的，具有美感的并且经过设计者艺术加工处理的、具有独特的观赏和使用功能的小型构筑设施。它是结合空间设计原理，结合以人为本的设计理念，反映社会内容和精神内容的一种表达形式。环境小品可分为景观小品和景观设施两大分支。

二、景观设计中的环境小品的分类

环境小品的类型相对较多，根据其具体的用途可分为以下几类。

（一）建筑类小品设计

包括亭、台、楼、阁、榭、舫、公共汽车站点、防护栏、人行天桥等。

1. 亭

《释名》云："亭者，停也。所以停憩游行也。"从字面上我们就可以知道，亭是供游人停歇、避雨、眺望观赏的地方。传统的亭子一般建在园林中或是山上，成为景观的节点，在人们游走园林或是爬山休息的时候使用。现代的亭子不管是在公共场所、居住小区、公园里，还是在建筑绿化中都可以看到。大部分的亭子都设置在风景比较优美的场所，使游人在歇息的时候有景可观。不论是在古典景观还是在现代景观中，亭都被广泛地运用。它具有多样化的屋顶形象，轻巧、空透的柱身，以及随机布置的基座，各式各样的亭悠然伫立，它们为自然山川添色，为景观添彩，起到其他景观建筑无法替代的作用（图 4-5-1）。

（1）亭的造型。亭既可单独存在，也可组合成群。在单独使用的情况下，造型相对来说要更独特，体量也要大些，成群设置的时候要考虑周围的环境，也可以和廊结合，和道路结合，和水景结合等。亭在造型上娇美轻巧，玲珑剔透，四面多开放，空气流通，内外交融，与周围的建筑、绿化、水景等元素相互结合，构成园林一景（图 4-5-2）。

亭的常见形式有圆亭、方亭、三角亭、五角亭、六角亭、八角亭、扇亭等，还有仿生形亭，

图 4-5-1　亭

图 4-5-2　亭与周围景观相结合

如睡莲形、梅花形等。从亭的屋顶形式分类可分为单檐亭（图 4-5-3）、重檐亭、三重檐亭、攒尖顶亭（图 4-5-4）、平顶亭、歇山顶亭、卷棚顶亭、开口顶亭等。从材料上看有竹亭、木亭、石亭、砖瓦亭、混凝土亭、不锈钢亭、玻璃亭，以及仿竹亭和由张拉膜等新型材料建造而成的亭。从亭的布局位置上看有山亭（图 4-5-5）、半山亭、水亭、廊亭等。

图 4-5-3　单檐亭（北京）

图 4-5-4　攒尖顶亭（五台山）

图 4-5-5　山亭（泰山）

在现代景观设计中，亭子的形态比较抽象，但大体上还是以简洁、明了、实用为主，亭虽小巧，却需要精心设计才能在景观中起到画龙点睛的作用。亭的平面形态没有固定的样子，可以随地形、环境以及功能要求的不同而灵活运用（图 4-5-6）。

（2）亭的位置选择。亭子位置的选择，一方面是为了瞭望观景，即供人们驻足休息、观看景色；另一方面是为了点缀景观，具体位置选择应根据其功能的需要和周围环境来决定。不管是哪种类型的亭子，直径一般都是 3 m~5 m，体量不宜过大，立面不要太高且不宜过于复杂，总之，既要做到建亭之处能真正满足人们的需要，又要做到亭的位置与环境协调统一（图 4-5-7）。

图 4-5-6　三亚

图 4-5-7　天津

2. 廊

一般有顶的过道称为廊（图 4-5-8），廊是亭子的延伸，通常是长条状的样貌，可以与亭子在一起使用，也可单独使用。在山地、水边、平地上都可以建廊。廊有遮蔽风雨、遮阳和休息、赏景的实用功能，同时也是景观设计中空间联系和空间规划的一种手段，起到引导交通、联系景点的作用。

图 4-5-8　廊（北京）

廊有很多形式，从平面形式上看，主要有回廊、直廊、曲廊、爬山廊、折廊、跌落廊、抄手廊、水廊、桥廊等。从结构形式上看，主要有双面空廊、单面空廊、复廊、暖廊、单支柱式廊等。从材料上看，主要有木廊、砖石廊、钢筋混凝土廊、竹廊等。廊的顶部分平顶、拱顶、坡顶等。

3. 榭

《释名》云："榭者，藉也。藉景而成者也。或水边，或花畔，制亦随态。"这一句形象地说明了榭在景观环境设计中的地位和作用。榭，通常建于水边平台之上，建筑四面开敞通透，与周边景物相互沟通融合，因借成景，是供游人休息、观赏风景的临水景观建筑。

4. 舫

在古典园林中，我们通常都会看到依照船的造型在湖泊中建造起来的一种船形建筑物，这种建筑物不能像船一样滑动，只是让人们有一种乘船荡漾于水中的感觉。人们在这种建筑物内游玩饮宴、观赏水景。

5. 架

架（图 4-5-9）既有廊、亭那样的结构，又不像廊、亭结构密度大，架更加空透，更加贴近自然。架的材料多种多样，常见的有木架、竹架、砖石架、钢架和混凝土架等。架与攀缘植物搭配，可以形成美丽的花架，常搭配的植物有春藤、紫藤、凌霄、爬山虎等。花架布局灵活多样，其形态与自然融为一体。架一般与休息座椅、指示照明、垃圾桶等组合设计。

图 4-5-9　架

花架在小区、公园里出现得比较多。它的平面形式很多，有直线形花架、曲线形花架、三角形花架、四边形花架、五边形花架、六边形花架、八边形花架、圆形花架、扇形花架以及不规则图形花架。从结构形式上看，花架有单柱花架和双住花架两种。从顶架结构受力体系上看，有简支式花架、悬臂式花架、拱门钢架式花架。

6. 桥

桥是景观环境中的交通设施，与景观道路系统相配合，联系游览路线与观景点，组织景区分割与联系。在设计时应注意水面的划分与水路的通行。水景中桥的类型有汀步、梁桥、拱桥、浮桥、吊桥、亭桥与廊桥等（图 4-5-10）。

7. 公共厕所

公共厕所是多年来景观设计中一直没有解决的问题，公厕的造型与管理都存在着很多不足，设计者在设计时应该使公厕在结构上更加合理，外形上更加美观，使用功能上更实用、卫生，使其在满足功能性需求的同时，也成为景观建筑的一部分（图 4-5-11）。

图 4-5-10　桥

图 4-5-11　公共厕所（九龙公园）

（二）公共设施类小品设计

包括指路标识、方位导游图、广告牌、信息栏、时钟、电话亭、邮筒、自动售货机、垃圾类、烟蒂箱、痰盂、饮水器、灯具、路障、反光镜、信号灯、自行车车棚等。

1. 指示牌和标识牌

指示牌在景观环境中起到指示和导向的作用，设计要考虑其实用性，要醒目明确，并要注意与环境的协调。在景观设计中使用的指示牌一定要准确无误、简明扼要，数量上要有所控制。各个路口是指示牌设立最多的地方，为引起游人注意，指示牌的高度一般要与视平线平齐或略高一些（图 4-5-12）。

指示牌的种类一般分为介绍牌、解说牌、导向牌、警告牌、宣传牌等。它的设计形式大体上分为：独立式、地面固定式、墙面固定式、悬挂式。

标识牌一般露天设置，在公园、旅游区或重要建筑、景观、街区等地方占有重要位置，要经得住风吹日晒。因此，制作标识牌应选择耐久性材料，如石材、不锈钢、金属、坚固

图 4-5-12　指示牌（韩国）

的木材等。在现代景观环境中，标识牌的造型及其亲和力越来越受到人们的关注，因此，标识牌的设计要充分体现时代特征，能够突显所要表达的景观，并要避免遮挡美景。标识牌的设计要注意尺度感及易读性，形式上应简洁大方、有系列感，视觉效果要醒目。重要的标识牌必须配备照明灯具，方便夜晚使用。标识牌的造型、尺寸、色彩都要与整体环境相协调。

2. 垃圾箱

垃圾箱（图 4-5-13）是不可缺少的景观设施，是保持环境清洁卫生的有效措施。我们现在看到的景观中的垃圾箱，会觉得它很脏，这是因为人们不加以保护，随意破坏造成的。垃圾箱的设计在功能上要注意区分垃圾类型，但是在景观中却不全是这样，在居住小区里的垃圾箱和在公园广场上的垃圾箱就产生了造型、功能上的不同。垃圾箱的设计最好同时分为可回收与不可回收两种，还应有一个投放烟头的区域，有烟灰缸的垃圾箱应选用耐火材料，在形态上要注意与环境协调，并便于投放垃圾和防止气味或液体外溢。

制作垃圾箱的材料多种多样，有铁、钢、石材、木材、混凝土、GRC、FRP 等。但造型上就要依照周围环境因地选择了，动物园里可以有卡通造型的垃圾箱，植物园里可以有蘑菇灯造型的垃圾箱，在广场上的垃圾箱造型则以简洁大方为主……

图 4-5-13　垃圾桶（泰山）

3. 售卖部

在景观设计中，根据游人需要可设置一些商业服务性建筑，用来经营饮料、食品以及摄影和花鸟等旅游工艺纪念品。这些售卖建筑，虽然体量不大，造型小巧，但色彩鲜明，数量不少，在设计时，应注意配合景点位置来规划，与周围环境相协调，以方便游人逗留、购买，从而达到商业的性质。虽然是以营利为目的的小型建筑物，但是在造型设计上却不能俗套，要与观赏性建筑以及周边环境统一协调，起到点景的作用。售卖部一般分为固定式和流动式两种。一般情况下，面积只有几平方米，总高度控制在 3.5 m 以下（图 4-5-14）。

图 4-5-14 韩国售卖部

自动售货机（服务机）和流动售货机是售卖部的两种演变形式，具有小型、多样、机动灵活、购销方便的特点，在景观环境中较为引人注目。

4. 停车场、车障柱

停车场（图 4-5-15）的规模应该根据景区面积和客流量来确定，停车场应建设在景区入口附近。车与车的停放距离、出入口的指向线和指示牌设计都要根据停车场设计的相关规范具体执行。停车场的出入口最好分开，停车标牌和出入口导向牌要醒目，出入口两侧和拐角处不要种植灌木，以免影响视线，引发事故。

图 4-5-15 停车场

车障柱是禁止车辆通行的设施，尤其在重要的建筑、校园周围、不允许车辆驶入的地方都要设置车障柱，以保证行人安全。随着我国人民生活水平的提高以及汽车产业的发展，道路上通行的汽车每年以惊人的数量增长。为了保护市民安全、维持城市交通秩序，车障柱必将成为景观设计中的重要设施。车障柱的形式多种多样，柱形和球形是比较常见的样式。

5. 电话亭

在手机、手提电脑使用如此频繁的今天，电话亭已然成为一种比较落后的通话工具，但这并不等于电话亭将从此销声匿迹，都市中仍然会有电话亭这一小型构筑物的存在，电话亭的整体造型、色彩、质感等也都是人们所关注的。

电话亭分为开放式电话亭、半开放式电话亭和全封闭式电话亭，其造型与其他设施一样，一定要符合和接近周围环境的总体设计，电话亭的造型种类不能太多，不然会破坏整体环境，还会给人们带来识别上的困难。在设计开放式、半开放式电话亭的时候要体现出其精致、功能齐全的特点。材料一般采用钢、铝框架，嵌入钢化玻璃，高度一般为 2 m、进深 0.7 m~1 m。全封闭式电话亭一般采用玻璃与铝合金或钢相结合的材料，高度为 2 m~4 m，宽度为 0.8 m~1.4 m。电话亭不设门锁，门朝外开启，要有通风及照明装置。

（三）游憩设施类小品设计

包括室外休息座椅、桌子、太阳伞、健身器械、休息廊、沙坑等。

1. 座椅

座椅是景观设计中最常见的室外家具，是为人们提供休憩和交流的载体。座椅具有较高的使用性和观赏性，在广场上、居住区内、儿童游戏场所旁等公共休息空间都应设休息座椅，座椅也可以与植被、水景、照明系统、花台、假山等结合起来布置设计，但要达到一定的审美标准。座椅的形态有直线形的，造型简洁，给人一种稳定的平衡感；有曲线形的，线条优美、婉转曲折，从而取得变化多样的艺术效果；也有直线和曲线组合构成的，富有对比，具有变化，别有一番情调。同时，还有仿生形与模拟自然动植物形态的座椅，这种座椅与环境相互呼应，可产生趣味性和生态美；此外，还有抽象造型的座椅，与众不同，艺术水平极高。

由于休息设施多设置在室外，在功能上需要防水、防晒、防腐蚀，所以在材料上，多采用铸铁、不锈钢、防腐木、石材等（图4-5-16）。

图4-5-16　座椅（九龙公园）

2. 游戏和健身设施

游戏设施一般为12岁以下的儿童设置，使用时需要家长带领。在设计时，应注意考虑儿童身体和动作的基本尺寸要求，以及结构和材料的安全性，同时在游戏设施周围应设置家长的休息看管座椅。游戏设施多为秋千、滑梯、沙场、爬杆、爬梯、转盘、跷跷板等。按照材料不同又可分为金属游戏设施、木质游戏设施、塑料游戏设施、橡胶游戏设施、混合型游戏设施。

游戏和健身设施一般设置在远离主路的区域，环境优美，安全。游戏和健身设施设计应考虑其趣味性、安全性和教育性，在颜色的使用上可艳丽一些。相对于游戏设施，健身设施可置于硬质铺装上，而游戏设施可置于沙土或是水体中，赋予其娱乐和教育功能。

（四）装饰类小品设计

包括雕塑、艺术小品、壁画、景墙、景窗、膜结构等。

1. 雕塑小品与装置艺术

雕塑是指用传统的雕塑手法，在石、木、泥、金属等材料上直接创作出的反映历史、文化和理想、追求的作品。雕塑分为圆雕、浮雕和透雕三种基本形式，现代艺术中出现了四维雕塑、五维雕塑、声光雕塑、动态雕塑和软雕塑等。装置艺术是“场地＋材料＋情感”的综合展示。艺术家在特定的空间环境里，将日常生活中的物质实体化，并通过选择、利用、改造、组合，使其成为演绎新的精神文化意蕴的艺术形态。

景观雕塑是指利用一定的手段和方法对天然或人工材料进行改造，形成的具有立体形态的艺术品。景观雕塑实质上是对材料进行加减法的改造，创造出独特的物体。景观雕塑作为一种造型语言和形式，是景观设计中不可缺少的重要元素。虽然体量不大，但它的存在赋予了景观灵活而生动的主题，可以美化环境，装饰建筑，对于一个地区的文化起着画龙点睛的作用。一件优秀的雕塑作品可以代表一个城市的形象，广州市的《五羊》雕塑、哈尔滨的《天鹅》雕塑、济南的《荷花》雕塑等都已经成为其所在城市的标志之一。雕塑甚至可以成为一个国家的象征，如美国的《自由女神》雕塑、丹麦的《美人鱼》雕塑等。

现代雕塑作品在城市规划中的出现，不仅能体现出城市景观的审美，反映一个城市的物质水平，而且其深刻的内涵，还能够陶冶人们的情操。

（1）雕塑小品的类型

①根据其性质和功能不同，可分为主题性雕塑、纪念性雕塑、装饰性雕塑。

②按其所用材料的不同可分为光雕、水雕、冰雕、雪雕、石雕、蜡雕、布雕、根雕、木雕、纸雕、金属雕塑、陶瓷雕塑、玻璃钢雕塑、植物雕塑、合成材料雕塑等。

③按照空间形式的不同可分为圆雕（图 4-5-17）和浮雕。

④按照创作的艺术手法不同可分为具象雕塑（图 4-5-18）和抽象雕塑（图 4-5-19）。

图 4-5-17　圆雕（韩国）

图 4-5-18　具象雕塑（杭州）

图 4-5-19　抽象雕塑（韩国）

2. 门洞与窗洞

《园冶》中讲到："门窗磨空，制式时裁，不惟屋宇翻新，斯谓林园遵雅。工精虽专瓦作，调度犹在得人，触景生奇，含情多致，轻纱碧环。弱柳窥青。伟石迎人，别有一壶天地。"园林意境的空间构思与创造，往往通过门洞与窗洞作为空间的分隔、穿插、渗透和衬托，以此来增加景深变化，扩大空间，使方寸之地能小中见大，园林艺术上将其作为取景的画框，达到景随步移、步移景异的效果。景观设计中的园墙、门洞、空窗、漏窗作为游人导向、通行、观景的设施，也具有艺术小品的审美特点。

（1）门洞的形式

几何形：圆形、横长方形、直长方形、圭形、多角形（图 4-5-20）、复合形等。

仿生形：海棠形，桃、李、石榴水果形，葫芦形，汉瓶形，如意形等。

（2）窗洞

空窗：园墙上下装窗扇的窗洞称为空窗(月洞）。既可透景通风，又可作为取景框，扩大了空间和进深。

图 4-5-20　苏州多角形门洞

景窗：以自然形体为图案的漏窗。

漏窗：在园墙空窗位置，用砖、瓦、木、混凝土预制小块花格等构成的变化多样的花纹图案窗。

门洞与窗洞的材料可就地取材，直接采用茅草、藤、竹、木等较为朴素的自然材料。

3. 景观墙

景观墙是景观中的一种长形构造物，它既可以分隔空间，又兼有造景的效用。在景观的平面与空间处理中，它能构成灵活变通的空间关系，能化大为小，这也是"小中见大"的设计手法之一。景观墙的设计，要注意以下几点：

（1）能不设景观墙的尽量不设。景观墙要达到巧妙地间隔、结合空间的目的，视线较通透的地方没必要设置景观墙，而且空间分隔也不必过于复杂，否则容易给人乱无章法的感觉。

（2）尽可能利用景观设计中空置合理的地方和自然的材料达到隔开空间的作用。有一定高差的地面、水体、绿篱树丛等都可以起到隔而不分的效果。

（3）设置景观墙时，应尽量做到低而透。首先，景观墙不能设计得过高，否则容易让人感觉压抑；其次，景观墙上可做些漏窗，以便景色互相渗透。既要分隔空间，又要与景色很好融合起来，有而似无，有而生情，才是高超的设计。只有特别需要掩饰的隐私处，才会用封闭的景观墙。

4. 膜结构

（1）膜结构的定义：膜结构建筑作为新的建筑形式于20世纪70年代以后在国际上出现，至今已有五十多年的历史，特别是20世纪80年代以后，膜结构的应用得到了迅速发展。膜结构又称景观膜、空间膜，是一种建筑与结构的形成体系。它是用高强度柔性薄膜材料与支撑体系相结合形成具有一定刚度的稳定曲面，能承受一定外荷载的空间结构形式。

这种结构形式特别适用于大型体育馆、入口廊道、小品、公众休闲娱乐广场、展览会场、购物中心等领域。因其具有自由轻巧、阻燃、制作简易、安装快捷、易于使用、安全等优点而在世界各地被广泛应用。

膜结构的出现为建筑师和规划师提供了超出传统建筑模式以外的新选择。膜结构一改传统建筑材料而使用膜材，其重量只是传统建筑材料的三分之一左右。而且膜结构可以从根本上克服传统结构在实现大跨度时遇到的困难，可创造巨大的无遮挡的可视空间。

（2）膜结构的分类：膜结构从结构方式上大致可分为骨架式、张拉式、充气式三种形式。

（3）膜结构的特点：经济、节能、自洁、跨度大、施工周期短。

三、景观设计中环境小品的作用

1. 满足功能要求

景观设计中的环境小品首先要满足人们在游览过程中对各种使用功能的需求，比如休息、遮风挡雨、餐饮、娱乐等，这是其在景观环境中存在的基础。

2. 点景

点即点缀之意，建筑景观在造园上很少起主导作用，常是修饰与衬托，即所谓“从而不卑，小而不卑，顺其自然，插其空间，取其特色，求其借景。”指的是用点缀的手法来装饰景点或景物，使景点更加丰富与生动。清代李斗在其《扬州画舫录·草河录下》中道：“其下养苔如针，点以小石，谓之花树点景。”指的就是以散石做点景，烘托出花树的情景美。

3. 赏景

通过建筑观赏外边的景色，门洞、窗洞都是框景的方式。

景观空间的组织和规划在景观设计中占有重要地位，不同空间形态排序的变化、组织会带给人不同的境界。各种建筑类型和部件正是划分、组织景观空间的最好方式，如庭院、游廊、花墙、门洞等。

四、景观设计中环境小品设计的原则

景观设计中的环境小品在整个景观空间上虽然不如界面要素那么突出，但在营造景观气氛上却有着优化的作用，在为人们提供各项功能的同时也能够更好地发挥其美化作用。因此，不论在什么情况下，都应将它们的功能与园林景观要求恰当、巧妙地结合起来。

1. 具有功能性原则

景观设计中的环境小品应用于景观中必须具备相应的基本功能。比如，无论一个垃圾桶外形如何美观，它首先要具有本质功能——收纳垃圾，否则就没有存在的意义。又如一个道路指示牌，它最先要标识清楚，完成它的指示功能，其次才是要尽可能地融入环境，美化景观环境。景观设计中的环境小品的具体形态、数量、空间分布等都是根据整个景观的布局和需求来设计的，它们需要补充和强化景观的功能特征。

2. 具有装饰性原则

景观设计中的环境小品本身就是用来装饰景观环境的，公共设施有时也要对景观环境起到陪衬和优化的作用。景观设计中的环境小品可以同时把各项功能集于一身，这样既能节省空间，又能节省成本。因此，有时景观设计中的环境小品具有复合、叠加等功能，如电话亭对街道的装饰作用等。

3. 具有经济性原则

经济性是方案设计时要考虑的一个重要因素，它关系到一个方案是否合理地利用了人力、财力、物力以及时间。提高经济性的方法也有很多，如节省材料，在设计上力求简单化、缩短施工时间等。

第六节　景观设计中的照明设计

在景观设计中，我们把照明作为一个元素进行设计。从实用的角度上看，照明设计要满足夜晚或有需要时的照射功能，方便人们看清道路，了解周围的环境；从装饰的角度上看，在白天要达到造景、与周围环境相融合、点缀景观之用。选择造型别致的灯具可以创造出不同的景观效果。照明是通过两方面因素来体现的——灯光和灯具，没有灯光就无法找到发光点，也没有照射方向，就不会有夜景这个词语；没有灯具也就没有了灯光的载体，光靠灯泡效果不足以表达夜晚和白天的景色，也不能展现灯光的艺术魅力，甚至会产生眩光等，对人体造成危害。所以景观设计中的照明设计（图 4-6-1）要能很好地点缀环境，创造虚空间，为人们的活动和生活增添活力。

图 4-6-1　景观中的照明设计

一、景观设计中照明的作用

1. 引导视线的作用

照明（图 4-6-2、图 4-6-3）能起到对物体的导视作用，不仅是人们视觉的向导，还是景观形式上的一种体现。当我们不能用硬质的景观元素来装点空间时，就可以用灯光来划分空间、组织空间以及围合空间。

2. 起到安全的作用

照明毕竟不像绿化、铺装等元素具有稳定性。照明结合了光、电等元素，所以存在着不稳定性，安装、维护、运行都要保证一定的安全性。照明能够提高夜间出行的安全度，起到安全防护的作用，所以任何形式的景观设计中都应该具有照明。

3.营造氛围的作用

照明可以营造环境氛围（图 4-6-4），照明灯具自身的色彩和造型都是很好的景观构成元素，在设计中我们要将景观的风格、地域特征、人文因素等结合起来，营造出符合景观地的灯光设计。

图 4-6-2　重庆
图 4-6-3　重庆
图 4-6-4　九乡溶洞

二、景观设计中照明的类型

景观照明灯具已成为现代景观的重要组成部分，既能满足照明的使用功能，又具有点缀、装饰景观环境的造景功能，是夜间游人开展娱乐、休闲活动的重要辅助设施之一，是夜景调适的主要手段。

从照明所针对的对象来看，照明可以分为以下几个类型。

（一）硬质景观照明

硬质景观包括道路、景观中的构筑物、小品、休闲娱乐设施等。

道路有很多种，比如城市一、二级道路、园林、游步道、广场上的硬质铺装等。在道路的照明设计上，首先要满足功能性照明，根据不同的照度选用不同的照明手法和灯具。在车行道和人行道上要采用高杆灯，照明重点应放在行道树中（图 4-6-5）；在园路中宜采用庭院灯、草坪灯等，照明重点则在地面或绿化中。

图 4-6-5 硬质景观设计（九龙公园）

景观中的构筑物，主要有亭、廊、桥等。常采用轮廓照明方式，即用紧凑型节能灯、美耐灯等，勾勒出构筑物的轮廓，然后用泛光灯照射构筑物的主体墙面或墙身，并使光线由上向下或由下向上呈现出强弱变化，以展现构筑物的造型美；选择适宜的光色，来强调构筑物本身的色彩和质感。部分园林构筑物可采用透光照明方式，将照明器放置于被照物内部，体现园林建筑的轻盈感和通透性。

景观中小品的照明是整个景观设计中不可缺少的，具有很强的艺术表现力。当夜晚来临时，用灯光去表达小品的特点、造型、颜色、材质以及周围的环境特征，是整个设计视觉传达的重点。

（二）植物景观照明

植物景观照明（图 4-6-6）要根据乔木、灌木、地被、花卉等不同的植物造景和种植方式来选择和应用。由于植物景观在颜色上以绿色为主，又配上色彩艳丽的花草等，所以照明的色彩要单一一些，以强调植物固有色为主，光源常选用能使树木绿色更加鲜明的汞灯或金属卤化物灯。高压的汞灯和低压钠灯在植物景观照明上不太常用。除了运用汞灯，点光源的照明也是植物景观照明的一种手法，这种点光源的照明相对来说比较安全，而且在夜晚更能突出植物的特征。

图 4-6-6　韩国

（三）水景照明

水景照明设备主要安装在水下，照射方向可以水平方向、水平线以下、水平线以上，按照喷泉喷水的方向等，在跌水、瀑布、水池等地方都可以安装水景照明，与周围环境交相辉映，展现出水景的神奇魅力。水景照明能够丰富水景本身的设计，尤其是夜晚，能给人带来强烈的视觉冲击。

在水景照明设计中应该先认真考虑水域是否可以进行照明，是否有夜晚照明的需要。其次，要选择合适的水下照射地点，照明设备无论是安装在水域底部的硬质铺装上，还是安装在侧面，都应保证人们看不到具体的照射光源，但能够很清晰地看到照射方向和角度，感受到灯光的颜色。最后，在设计和施工中要遵守国家规程或国际电工委员会（ICE）的规范标准，满足安全性原则。比如，在设计喷泉水下照明时，要制定出日常维护和运行等要求。在景观设计中谈照明，既要符合夜间使用功能，又要考虑白天的造景效果，必须设计或选择造型优美别致的灯具，使之成为一道亮丽的风景线。

第五章
景观设计的具体分类与案例分析

课程概述：本章主要对景观设计的具体分类做以分析和举例，通过之前章节的学习，我们知道景观设计是要解决实际发生的问题的一门学科，在各项景观设计的分类之下，从实际出发，按照景观设计的方法和程序来逐步地完成和实现一项景观设计方案。本章列举了大量实例，理论结合案例，详细地介绍了在做每一类景观设计时应注意的问题。

学习目标：通过本章的学习，了解景观设计的具体分类，结合实际案例，了解景观设计的具体设计方法，并运用在自己的设计以及将来的工作中。

学习重点：各类景观设计的具体设计方法和应注意的问题。

学习难点：学习各种景观分类的设计方法、理念。

景观设计的具体分类可以按照使用功能、场地形态、面积大小等因素来进行分析，不同的景观类型在进行设计时会采用不同的设计方法和理念，但不同的分类之间还是会紧密联系在一起的。比如，广场景观设计和公园景观设计就存在着差别和联系，公园的设计中可以有广场设计的成分在里面；再比如中国园林中的堆山、理水、置石的“虽由人作，宛如天开”的思想，与西方园林中出现的对称风格截然不同，但是二者所选用的元素——山、水、石等都是一样的。所以我们在掌握景观设计分类的同时还要让设计体现出不同国家、不同民族、不同文化的特点。

第一节　城市广场景观设计

一、城市广场的定位

中世纪时的欧洲，广场是一个城市公共生活的核心，它的起源要早于城市本身。广场是人们主要的户外活动场所，满足了多种城市生活的需要。在古代中国，“广场”一词鲜少在古书中出现，如果形容一个城市，我们可以称其为里坊（图5-1-1）、街巷、市集、市井等。所谓的城市也只是把街道、马路、小径错综复杂地组合在一起的一种形式而已。

而在公元前8世纪，古希腊就出现了广场，当时的广场表示人群的集中，或是人群可以集中的场所。慢慢地，广场的基本功能就是供一个城市交通、集会、宗教礼仪之需。现在，广场已经逐步发展成为集纪念、娱乐、观赏、社交、休憩等功能于一身的地方了。

图 5-1-1　里坊（丽江）

二、城市广场的定义

正如克莱尔·库伯·马库斯和卡罗琳·弗朗西斯在《人性场所》中所认为的，广场是一个主要以硬质铺装的、汽车不得进入的户外公共空间。与人行道不同的是，它是具有自我领域的空间，而不是用于路过的空间。广场可以有绿化，但占主导地位的却是硬质地面，如果绿化区域面积超过硬质地面的面积，我们会将这样的场所划分为公园而不是广场。

“广场”一词是翻译过来的。把它拆开来看，“广”是广袤、宽阔、广阔的意思；“场”是磁场、地方、场所的意思，把它们合起来就是“开阔、宽广的场地”。在这样的场地中，人们可以进行大面积的室外活动和实践，比如组织集会、开展活动、休闲、娱乐等，满足了人们的物质和精神方面的需要。所以，在广场上有用建筑、水体、地势、绿化、道路等进行围和和创造空间的手法，这些都影响着人们的行为和心理（图5-1-2）。

图 5-1-2　大连胜利广场

三、从类型上来认识城市广场

城市广场的分类很多，它的性质取决于它在城市中的地位以及其周围的环境，有的按空间形态来分，有的按使用功能来分，有的按广场的性质和目的来分，我国的《城市道路设计规范》中就按照使用功能将广场分为公共活动广场、集散广场、交通广场、纪念性广场、商业广场。现在的城市广场形式已趋于多样性，功能上也向着综合性方向发展，我们很难准确地从一个观点或者一个方面对广场进行分类，尤其还要考虑城市发展的速度、人在城市广场中的作用以及活动的方式特征等。一个广场往往具有多种功能，考虑到城市广场的多样性以及多变性的特点，我们把广场分为市政广场、商业中心广场、休闲娱乐广场、公交集散广场、纪念广场以及复合性广场。

1.市政广场

市政广场位于城市政府的周边，是城市的行政中心。它要与比较繁华的商业街区产生一定的距离，且要位于由主要大道相交形成的城市道路地段，这样就可以减少一些不必要的干扰，营造市政广场严肃的气氛。市政广场一般用于政治文化集会、大型的庆典活动、游行、重要节假日的检阅、传统民间节日互动等，所以一般以大面积的硬质铺装为主，在形式上多采用对称均衡的手法，不宜设计过多的休闲娱乐性小品及设施，但可以适当地点缀花坛、绿植、水池、喷泉、瀑布，甚至还可以布置能满足升国旗仪式的小品等。市政广场是硬质景观和软质景观相结合的广场，也是具有一定城市政治文化色彩的广场。

2.商业中心广场

商业中心广场是城市广场中最普遍的一种，大部分都位于喧闹的商业街中，是反映人们生活最直接的一种表现形式，商场出入口门前的地段或一连串商业建筑前的步行街都是商业中心广场。商业中心广场可以根据其所在的商业街周围环境的特征，组成不同的空间效果，可以是集中性的，也可以是线式的或是组团式的。而绿化、水景、雕塑还有一系列的休息设施就是必不可少的了。

商业中心广场是反映一个城市生活质量的标准，其设计要方便顾客购物，尽可能地减少车流与人流的交汇，同时还要提供休憩、饮食、娱乐等功能，所以它是城市生活的重要中心之一。

3.休闲娱乐广场

休闲娱乐广场的分布最为广泛，它的位置选择比较灵活，在公园、住宅区、滨水区，甚至在校园内都可以有这一类型的广场。它是供人们休憩、演出、散步、游玩、举办各类娱乐活动的重要场所，总体上呈现一种轻松、愉悦的环境氛围。广场中宜布置台阶、坐凳等供人们休息，可设置花坛、雕塑、喷泉、水池及城市小品供人们观赏。

4.公交集散广场

公交集散广场又称为交通性广场，它是城市交通的连接枢纽，起组织交通、联系城市道路、过渡及停车的作用。

公交集散广场按照地点可以分为两大类，第一类是城市多条机动车线路交汇行驶、停靠的广场，比如，多条公交车始发站、城市环岛等。这类广场一般要疏导机动车行驶，所以广场多以流线型或环岛为主。其位置一般都在城市道路的主要轴线上或距离商业街区很近的地方，所以公交集散广场除了要有一定的绿化景观外，还要设计一些具有一定标志性的建筑、雕塑、夜景等景观，以便吸引人们的眼球。第二类是多种交通工具会合的广场，比如在每个城市的汽车站、飞机场、码头、火车站、地铁（轻轨站）入口等地方形成的广场（图5-1-3）。这种类型的公交集散广场设计要求考虑三方面因素：停车、行人活动以及行车。此类广场在一天的某些时间段内，人群密度较高，使用率较高，因此应满足畅通无阻、联系方便的要求，并要有足够的面积及空间以满足车流、人流和安全的需求。此类公交集散广场往往是一个城市的脸面，位置也比较重要。

图 5-1-3　大连胜利广场

5.纪念广场

纪念广场是以纪念或缅怀历史人物、事件或者记录重大事件为主题的一类广场。广场中应具有明确的纪念性标志物，比如纪念雕塑、纪念碑、具有教育意义的景观墙、纪念性建筑等。纪念广场主题明确，可产生强烈的教育意义和公众效应。纪念广场的布局及形式应满足气氛及象征的要求，用记叙、强调、比喻、夸张、形象等艺术手法创造具有一定含义的广场。

6.复合性广场

城市中现在出现的广场大都是功能复合的综合性广场，这类广场根据需要把多种类型的活动空间和人文空间组织在同一个空间中，在时间上和地点上都有着功能重复的特点。

四、从设计上体现城市广场的特点

现在的城市广场是一个集使用功能、观赏效应、生态保护于一体的开放性空间，其总体布局可采用对称式、非对称式、综合性的方式，形成独具每类广场不同特色的布局形式，从而达到实用性与美观性的完美结合。

1.体现“人性化”的广场特征

城市广场是供人们交流、休闲、观赏、集会的重要的城市景观空间。人性化的设计可以从年龄、文化程度、职业、性别等方向出发，判断人们是否能够参与到公众活动中，而不是仅仅考虑设计无障碍设施。有时候广场上是不需要设计盲道的，因而我们在进行城市广场设计时，就不能为了刻意体现人性化而忘记或忽略这种人性化设计可能不符合这个场所这一事实。

2.突显城市地域文化特点

广场是城市的中心，设计时不仅要考虑地段，还应考量周围建筑的特征等。每一个城市都有其独有的地域文化，只不过有些城市的地域文化比较明显且容易找到某些元素来表现，有些城市的地域文化则表现得比较含蓄。我们在进行城市广场设计的时候要顺应城市的文化命脉，捉住地方特色，反映城市面貌，以形成具有主体和主题的设计，带动城市经济、文化、旅游等的发展，让地域更有特色，让文化更有价值。

五、对城市广场进行解析

1.城市广场的合理规模

近年来，我国几乎每个城市都兴建了很多不同类型的广场，广场的面积也在不断扩大。广场的规模应从两个方面考虑：广场的最小规模和最大规模。广场的规模需要从空间感受、生态效应、人均占地面积及防灾避难角度等来考虑。芦原义信在《外部空间设计》一书中提到，应该通过建筑高度与建筑间距之间的比例关系来确定空间的大小。也就是说，建筑的高度与间距之比为1∶1时形成的广场规模最小。芦原义信的“十分之一”理论认为，人们所使用的外部空间的尺寸约等于内部空间尺寸的8~10倍（57.6 m×144 m）时，广场的规模最适宜，人们感觉最舒适。

2.尺度与形状所形成的广场基面

方形、圆形、三角形、不规则形的广场基面给人的感受是不一样的。可以通过包含、穿插、连接等手法把它们表现出来。广场不应该是一个封闭的空间，它应该是半开敞或开敞空间（图5-1-4）。

图 5-1-4　韩国商业街下沉广场

3.受景观周围环境影响

不同的地理环境会对广场的设计产生一定的影响。比如，城市广场宜采用音乐喷泉或是水池等水景设计，但北方由于环境的原因，不可能做到一年四季都把喷泉进行开放式处理；再比如，硬质铺装比较多的广场，由于建筑物密度高，材料又具有一定的反光折射效应，会产生眩光问题。

第二节　居住区景观设计

居住区是具有一定的人口和用地规模，集中布置居住建筑、公共建筑、绿地、道路以及其他各种工程设施，被城市街道或自然界限所包围的相对独立的地区。居住区景观的设计包括对基地自然状况的研究和利用，对空间关系的处理和发挥，以及其与居住区整体风格的融合和协调等。随着人们生活水平的提高，人们对美好事物的追求以及对精神境界的要求也越来越高，普遍寻找繁华后返璞归真的淡然与从容（图5-2-1）。

现代居住区的景观设计，包括道路的布置、水景的组织、路面的铺砌、照明设计、小品的设计、公共设施的处理等，既有功能意义，又涉及到了视觉和心理感受。在进行景观设计时，应注意整体性、实用性、艺术性、趣味性的结合。景观设计必须呼应居住区的整体设计风格，硬质景观要同绿化等软质景观相协调（图5-2-2）。

不同的居住区设计风格将产生不同的景观配置效果，现代风格的住宅宜采用现代景观造园手法，地方风格的住宅则宜采用具有地方特色和历史特色的造园思路和手法。当然，城市设计和园林设计的一般规律如对景、轴线、节点、路径、视觉走廊、空间的开合等，都是通用的。同时，景观设计要根据空间的开放度和私密性组织空间。例如，公共空间为居住区居民服务，景观设计要追求开阔、大方、闲适的效果；私密空间为居住在一定区域内的住户服务，景观设计则要体现幽静、浪漫、温馨的意旨。

图 5-2-1　大理 洱海

图 5-2-2　硬质景观与软质景观相协调（亿达春田）

一、居住区的性质与规模

居住区可划分为三级：居住区（图5-2-3）、居住小区（图5-2-4）和住宅组团（图5-2-5）。

1.居住区

居住区是生活在城市中的居民以群集聚居，形成的规模不等的居住地段。居住区的合理规模一般为：人口5万~6万人（不少于3万），用地50公顷~100公顷。

2.居住小区

居住小区一般称小区，是由居住区级道路或自然分界线所围合的，与居住人口规模约2000~4000户、7000~15000人相对应的，配建有一套能满足该区居民基本的物质与文化生活所需的公共服务设施的居住生活聚居地。居住小区在城市规划中的概念是指由城市道路或城市道路和自然界线划分的，具有一定规模的，并不为城市交通干道所穿越的完整地段，区内设有一整套满足居民日常生活需要的基本公共服务设施和机构（图5-2-6）。

3.住宅组团

住宅组团一般称组团，一般指被小区道路分隔的，并与居住人口规模1000~3000人相对应的，配建有居民所需的基层公共服务设施的居住生活聚居地。

一般来说，住宅组团占地面积小于10万平方米，居住300~700户，若干个住宅组团构成居住小区。

图 5-2-3 居民区

图 5-2-4 居住小区（亿达春田）

图 5-2-5 住宅组团（亿达春田）

图 5-2-6 大连渔人码头小区

二、居住区各类用地的组成

居住区用地包括住宅用地、公共服务设施用地、道路用地、公共绿地四项内容。

1.住宅用地

住宅用地指居住建筑基底占有的用地及其前后左右必要留出的一些空地（住宅日照间距范围内的土地一般列入居住建筑用地），其中包括通向居住建筑入口的小路、宅旁绿地、杂务院等。

2.公共服务设施用地

公共服务设施用地指居住区各类公共用地和公用设施建筑物基底占有的用地及其周围的专用地，包括专用地中的通路、场地和绿地等。

3.道路用地

道路用地指居住区范围内的不属于住宅用地和公共服务设施用地内的道路的路面以及小广场、停车场、回车场等（图5-2-7）。

4.公共绿地

居住区公共绿地是居民日常休息、观赏、锻炼和社交的户外活动场所。居住区公共绿地的设置可根据居住区不同的规划来组织结构类型，设置相应的中心公共绿地，包括居住区公园（居住区级）、小游园（小区级）和组团绿地（组团级），以及儿童游戏场和其他的块状、带状公共绿地等（图5-2-8）。

三、居住区景观环境设计内容

居住区的景观环境设计，并不是单纯地从美学角度和功能角度对空间环境的构成要素进行组合配置，更要在景观要素的组成中贯穿其设计立意和主题。通过巧妙构思的设计立意，让人们的生活环境更加诗情画意，使居住区环境景观形态成为表达整个居住区形象、特色以及可识别性的载体。

图 5-2-7　道路用地（亿达春田）

图 5-2-8　居民区绿地

1.居住区道路组成形式及尺度

道路与交通是居住小区中不可或缺的部分。随着社会经济和科学技术的发展，居住小区的交通结构日趋复杂，居民出行方式的选择也越来越多样化。

关于道路的功能及宽度的要求，居住区道路一般可以分为三级或四级：

第一级：居住区级道路——居住区的主要道路，用以解决居住区内外的交通联系，道路红线宽度一般为20 m~30 m。车行道宽度不应小于9 m，如通行公共交通工具，应增至10 m~14 m，人行道宽度为2 m~4 m不等。

第二级：居住小区级道路——居住区的次要道路，用以解决居住区内部的交通联系。道路红线宽度一般为10 m~14 m，车行道宽6 m~8 m，人行道宽1.5 m~2 m。

第三级：住宅组团级道路——居住区内的支路，用以解决住宅组群的内外交通联系，车行道宽度一般为4 m~6 m。

第四级：宅前小路——通向各户或各单元门前的小路，一般宽度不小于2.6 m。

此外，在居住区内还可设专供步行的林荫步道，其宽度可根据规划设计的要求而定。

消防通道是消防人员实施营救和疏散被困人员的通道，比如楼梯口、过道和小区出口处等；而商家占用消防通道、私家车霸占居民区出口处等都是消防法规所不允许的，消防通道应该达到4.0 m宽，并保持24小时畅通。对于住宅小区来说，从室内到地面的楼梯、小区内到外面的道路都属于消防通道。

车行道景观：车行道一般指小区级或组团级道路，住宅平行或垂直于道路布置。由于人们一般是在车辆经过时观看小区景观的，因此，小区道路景观应有连续性，在适当的地方，外部空间布局形式可有一定的变化，局部形成小的开放空间；或者路面材料上有所变化，形成重复的节奏感，打破道路空间的单调感。

步行道景观：步行道一般位于住宅组团内部，承担内部步行交通和休闲活动功能，是居住小区道路景观设计最为重要的部分。从景观上讲，步行道宜曲不宜直，这样可以在连续的道路上形成丰富的空间序列。住宅沿道路规律布置，可以形成良好的围合感和居住氛围。步行道宽4 m左右，空间的尺寸通过道路两侧的建筑、绿化、景观小品来控制并取得较强的领域感。

人车共行道景观：在小区道路设计中，有些人主张实行人车分流以营造安全的环境，但实际上小区中的很多道路都是人车共行的，这种人车共行道，必须结合步行与车行两种道路景观，在路面设置各种减速岛，通过地面铺砖的不同，形成安全美观的街道景观。

2.居住区广场设计

居住区广场是一个可以让居民聚会休息的场所，是一种可以将人群聚集到一起进行休闲活动的居住区公共空间形式。随着人们物质生活水平的不断提高，人们更加渴望改善生活环境，走出狭小的居室，寻找一处能更接近自然、放松自我的外部居住区广场环境。居住区广场的设计作为居民休闲、娱乐、交际的场所所透射出来的广场文化，集中体现了居民的文明程度，反映了居民的素质和城市建设的水平与质量，是城市物质与精神文化建设的集中体现。

3.居住区设计的功能要求

小区以上规模的居住用地应当首先进行绿地总体规划，确定居住用地内不同绿地的功能和使用性质；划分开放式绿地及各种功能区，确定开放式绿地出入口位置等，并要协调各种相关的市政设施，如用地内小区道路、各种管线、地上、地下设施及其出入口位置等；同时还要进行植物规划和竖向规划（图5-2-9）。

4.居住区绿地规划设计

居住区绿地（图5-2-10）包括居住区用地范围内的公共绿地、住宅旁绿地、公共服务设施所属绿地和居住区道路绿地等。

在现代居住小区设计中，一般而言，新建居住区绿地率不应低于30%，旧居住区改造绿地率不宜低于25%。居住用地内的各种绿地应在居住区规划中按照有关规定进行配套设计。居住区规划确定的绿化用地应当作为永久性绿地进行建设。必须满足居住区绿地功能，且要布局合理，方便居民使用。

在居住区绿地规划设计理念上要创造舒适的人居环境，从居住区的空间、环境、文化及效益四个方面着手，以新颖多样的居住建筑形式和布局、人性化的居住环境和优美的园林绿化景观来创造人、住宅与自然环境、社会环境的协调共生。在普遍绿化的基础上，充实艺术文化内涵和生态园林的科学内容，使居住区建筑掩映于山水花园中，把居民的日常生活与园林游赏结合起来，使居住区绿地与建筑艺术、园林艺术、生态环境和社会文化有机结合。

图 5-2-9　居住区设计的功能要求

图 5-2-10　居住区绿地（亿达春田）

四、居住区景观设计原则

居住区规划设计应遵循服务性原则、舒适性原则、健康性原则、安全性原则和自然生态原则。

1.服务性原则

人们在居住区中的生活除了生理、安全需求外，还有与他人接触、群体交往的需求和对室外自然空间和景观环境的需求。因此，居住区的设计必须有效地为居民服务，形成有利于邻里交往、居民休息娱乐的园林环境，要考虑老年人及儿童少年的活动需求，采用无障碍设计，以适应残疾人、老年人、幼儿的生理体能特点。

2. 舒适性原则

居住区景观设计的舒适性着重体现在视觉感受上，可让居民体验轻松、安逸的居住生活。优秀的居住景观不仅停留在表面的视觉形式中，还从人与建筑协调的关系中孕育精神与情感，以优美的景致深入人心（图5-2-11）。

图 5-2-11　舒适性原则（亿达春田）

决定居住区景观舒适性的第一要素是它的规划布局。以确定的特色为构思出发点，应用场地知识规划出结构清晰、空间层次明确的总体布局，将直接决定居住区景观的舒适性。第二要素是住宅本体的形式美。它涉及到住宅的体量、尺度、细部、质感、色彩等多种成分。诺伯格·舒尔茨说过，“住宅的意义是和平地生存在一个具有保护感和归属感的场所”，而归属感的前提就是这种住宅的舒适性。第三要素是居住区道路设计。作为居民生活领域的扩展，道路景观具有动态、静态的双重特征。步行道路空间的尺度通过道路两侧的建筑、绿化、小品来控制。利用车道和地形高低落差形成的步行桥，视野开阔，可眺望风景。车行道路则要关注两侧景观的连续性。在适当的距离内，住宅布置要有变化。创造小的开放空间，建筑形态在统一的韵律中要有对比和变化。第四要素是居住区的环境设施。具有实用的功能性和观赏性的景观会很受欢迎，更能丰富人们的室外生活。这些环境设施包括休闲设施、儿童游乐设施、灯具设施、标识指引设施、服务设施等，与人的各种休闲、娱乐活动密切相关，对人的精神陶冶有着不可低估的作用。第五要素是居住区庭院绿化、小品景观的设计。同时要避免大气污染、水源污染，远离噪声，避免交通干线的干扰和穿越，保护居住区的居住质量。

3.健康性原则

居住环境健康性包括空气、日照、噪声和环境卫生等与人的身体健康密切相关的内容。居住环境的实体要素如住宅和其他设施的布局要能组织起良好的自然通风系统。好的室外环境首先会大大提高居民的户外活动质量，其次对于室内环境也有着重要的影响。健康的居住区环境是二者兼备、共同作用的结果（图5-2-12）。

4.安全性原则

对于城市居住区公共空间的景观环境来说，安全性大致可以分成三类：①人们通常意识中的人身及财产的安全；②在人们与景观环境发生交互行为时，设施和环境所能提供的避免意外伤害的潜在安全性保障；③处于居住区环境内的公共设施遭人恶意损毁的比率。该比率近几年在不断上升，公共设施损坏，会造成很多人在活动的时候遭遇到意想不到的伤害。总的来说，居住区所存在的安全性问题集中在以下几个方面：室外空间环境中存在的安全问题，相关建筑设备中存在的安全问题，住宅设计中存在的安全性问题。引发居住区安全性问题的诱因也是多方面的，除了建筑设计中存在的弊病外，房地产开发商对利益最大化的追求也是重要的原因。

5.遵循自然生态的原则

在居住区规划中，宜充分利用规划用地周围的自然生态景观因素。居住区靠山、临水时其规划布局应使区内的开放空间系统与周围的山水环境取得有机联系。一般居住区环境是以建筑环境为主的人工环境，出于经济和居住功能的要求，在居住区建设中多对用地范围内的自然环境进行改造。在设计规划中要尽可能地结合景观特色，保留自然地形地貌，并按照国家相关规定保护古树名木及成形的大树群（图5-2-13）。

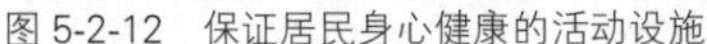

图 5-2-12　保证居民身心健康的活动设施

图 5-2-13　遵循自然生态原则

第三节　滨水景观设计

一、滨水区的基本概念

1.什么是滨水区?

滨水区（Waterfronts）一般指同海、湖、江、河等水域濒临的陆地边缘地带。水域孕育了城市和城市文化，成为城市发展的重要因素。世界上的许多知名城市都伴随着一条名河而兴衰变化。因此，城市滨水区是构成城市公共开放空间的重要组成部分，并且是城市公共开放空间中兼具自然景观和人工景观的区域，对于城市的意义尤为独特和重要。营造滨水城市景观，要充分利用自然资源，把人工建造的环境和当地的自然环境融为一体，增强人与自然的可达性和亲密性，使自然开放空间对城市环境的调节作用越来越明显，最终形成一个科学、合理、健康而完美的城市格局。

滨水区，又称水滨，是“城市中陆域与水域相连的一定区域的总称”，一般由水域、水际线、陆域三部分组成。水滨按其毗邻的水体性质的不同，可分为河滨（图 5-3-1）、海滨、湖滨等。滨水区在城市中具有自然山水的景观情趣和公共活动集中、历史文化丰富的特点，并有导向明确、渗透性强的空间特质，是自然生态系统与人工建设系统交融的城市开放空间。

滨水景观（图5-3-2）是一种独特的线状景观，是形成城市印象的主要构成元素之一，极具景观美学价值。城市滨水景观在提升城市形象、扩展城市休闲空间、发展旅游等方面起到了一定的积极作用。“我国城市滨水资源已非常稀缺，要让稀缺资源真正发挥应有的社会效益和环境效益，就不能光从观赏的角度出发，而应更多地着眼于滨水景观的使用功能。”

图 5-3-1　河滨

图 5-3-2　滨水景观（旅顺）

2.滨水区的基本类型

（1）按土地使用性质

滨水区按土地使用性质可划分为滨水商业金融区、滨水行政办公区、滨水文化娱乐区（图5-3-3）、滨水住宅区、滨水工业仓储区、滨水港口码头区（图5-3-4）、滨水公园区（图5-3-5）、滨水风景名胜区（图5-3-6）、滨水自然湿地等。

图 5-3-3 滨水文化娱乐区（大连发现王国）

图 5-3-4 滨水港口码头区（三亚）

图 5-3-5 滨水公园

图 5-3-6 滨水风景名胜区（丽江）

（2）按空间特色和风格

滨水区往往是一个城市中景色最优美、最能反映出城市特色的地区，因此，确保滨水区的共享性尤为重要。在城市设计中，将连续的公共空间如林荫带、步行街等，沿整个滨水地带布置是保证滨水地区共享性的好办法。所有成功的滨水区开发项目，无一例外地都将直接沿着水体的部分开辟为步行道，而让滨水的建设项目后退岸线。由于建设项目都是高层或多层建筑，后退岸线并不影响使用者登高远望水景，同时让出了岸线，还吸引了更多的人来滨水区活动。

（3）按照地域环境

① 滨江型：较为常见的滨水景观类型，是以江、河为基础发展起来的滨水景观。四大文明古国均发源于大江大河，很多国际化大都市也是沿着大江大河逐渐发展繁荣起来的（图5-3-7）。

图 5-3-7　滨江型

②滨海型：顾名思义就是邻近海的景观，滨海型对近海与临海景观有一定的要求，第一是生态环境；第二是安全；第三是景观排水要求。很多著名的现代滨海城市，如美国的迈阿密、巴西的里约热内卢、澳大利亚的悉尼、我国的上海等均属于此类型。该类型的城市滨水景观一方面具有优越的“3S（阳光、海水、沙滩）”自然旅游资源，另一方面也面临着台风、土壤的盐碱化等不利的自然条件，尤其是土壤的盐碱化，极大地阻碍了这些滨海城市的绿色基础设施以及城市绿地系统的建设与发展（图5-3-8）。

③湖泊水域型:湖泊是人类赖以生存的自然环境之一，很多沿湖而建的城市都成了著名的“鱼米之乡”或经济发达的旅游观光胜地。我国的杭州西湖、苏州金鸡湖、张家港暨阳湖等许多环湖而建的城市滨水区均是湖泊水域型城市。这种城市滨水区具有典型的中国园林格局，自然水体多居于城市中心，对于周边的自然景观与人工环境具有重要的意义（图5-3-9）。

④洲岛型:以岛、半岛或洲为基地形成的四周被水域包围的城市滨水区，如上海的崇明岛、横沙岛，浙江的舟山群岛，厦门的鼓浪屿和宁波湾头地区等，均属此类。与大陆相比，岛屿生态环境脆弱、物种贫乏、资源有限，并非最佳的人居环境。因此，岛屿最适合暂时性的人类聚集活动，可将其规划成集旅游观光、休闲疗养于一体的度假胜地或作为自然环境保护区加以维护。

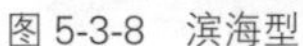

图 5-3-8　滨海型

图 5-3-9　湖泊水域型

二、滨水景观规划设计原则

1.整体原则

城市滨水绿地建设要站在滨水绿地之外，从整个城市绿地系统乃至整个城市系统等更高级的系统出发去研究问题。所以在进行滨水景观规划建设时，首先应把滨水绿地作为一个系统来考虑，从区域的角度，以系统的观点进行全方位规划，而不应该把河道与大的区域空间分割开来，单独考虑。在适当的地点进行节点的重点处理，放大成广场、公园，在重点地段设置城市地标或环境小品。将点线面结合起来，使绿带向城市扩散、渗透，与其他城市绿地元素构成完整的系统。

2.人性化原则

滨水景观环境设计的最终目的是服务于人类，需体现“以人为本”的理念，从人的物质与精神需要出发，协调人与自然、生存环境和自然环境间的关系。因此，关注景观的亲和性、可达性，特别是一些特殊人群的需求及无障碍绿色设计，有助于提高全民的参与热情，营造出满足市民多种需求的城市滨水环境景观。

3.防洪原则

滨水景观设计除了要满足休闲、娱乐等功能外，还必须具备一项特殊的功能，就是防洪。以武汉江滩景观为例，在长江边上的景观是武汉的标志式景观带，它在满足市民的文化需求、城市景观优化发展的同时，还必须具备防洪的功能。

有洪水威胁的区域的景观设计必须在满足防洪需求的前提下进行。在防洪坡段可以利用石材的形式变化或者机理变化塑造不同的视觉体验。

4.生态原则

景观规划、设计应注重“创造性保护”工作，即既要调配地域内的有限资源，又要保护该地域内的美景和生态环境。像生态岛、亲水湖岸以及大量利用当地乡土植物的设计思路，就用独有的形式语言，讲述了尊重当地历史、重视生态环境的设计理念（图5-3-10）。

图 5-3-10　生态性原则

5.立体设计原则

以往的景观、园林设计师们非常注重美学上的平面构成原则，但对于人的视觉来讲，垂直面上的变化远比平面上的变化更能引起人们的关注与兴趣。滨水景观设计中的立体设计包括软质景观设计和硬质景观设计。软质景观设计在种植灌木、乔木等植物时，先堆土成坡，形成一定的地形变化，再按植物特性种类分高低立体种植；硬质景观设计则运用上下层平台、道路等手法进行空间转换和空间高差的创造。

三、滨水区园林景观设计特性

现代景观设计的成果是供城市内所有居民和外来游客共同欣赏、使用的，滨水景观设计应将审美功能和实用功能这两个看似矛盾的过程，创造性地融合在一起，完成对历史和文化之美的揭示与再现。在滨水区沿线应形成一条连续的公共绿化地带，在设计中应强调场所的公共性、功能内容的多样性、水体的可接近性及滨水景观的生态化设计，创造出市民及游客渴望停留的休憩场所。

滨水区空间以及各因素的组织应以便于人们的行为活动为准，应以敞开的绿化系统、多样的交通方式把人们的活动引向水滨。滨水区园林景观要着重建设完善的步行系统以提高滨水景观的可达性，同时还要注重滨水视线走廊的畅通性，这样人们就可以获得更好的空间感，以及最佳的欣赏周围景观的视距。

第四节　商业街区景观设计

商业街区是都市人生活的场所之一，为人们提供餐饮、购物、娱乐等功能，促进了人与人之间的沟通与交流。一个商业街区设计的好坏直接关系到这座城市的经济是否繁荣，是否满足了人们的消费需求，是否让人们从中感受到快乐与安慰等。商业街区景观设计以满足商业需求为前提，搭建了人与社会的交流平台，用一定的物质技术手段，符合形式美法则，创造出了符合一定的商业活动和商业价值的环境。

一、商业街区的含义与定位

商业街在中国最早是以物物交换的模式出现的。之后，出现了一家家专卖某种东西的小店，店铺门头上挂着幌子，告知人们里面卖的具体货物。慢慢地，大型的商店应运而生，人们叫它百货商店，再后来商场这个词出现在世人面前，它以丰富的商品和宽敞明亮的环境吸引顾客，哪怕不买东西，人们也要到这里逛一逛，以便了解当下的流行趋势。随着社会的不断进步，城市的整体布局和结构也发生了巨大的变化，老龄化的趋势也越来越严重，人们的消费观念也改变了很多，不再像过去那样攒钱留给下一代，而是尽量让自己在有生之年能够享受生活。因此，我们与外界的交往密切了，也就需要一个媒介来进行交易活动，于是就产生了商业街区的模式，集市、闹市也随之成为人们与外界交流的一个场所。现代商业街的形式从有主轴线到有分轴线再到像人体血管一样向四周扩散，其使用功能不再是单的一购物空间，而是复合空间的统一体，满足了人们不同的业余生活需要（图5-4-1）。

图 5-4-1　商业街区

现在的商业街区主要服务于两种不同的人群——居民和游客，所以商业街区也反映了一个城市发展的方向和趋势。商业街区是由建筑、街道、店面、绿化、公共设施、水景等要素共同组成的具有良好观赏效果与多重功能的商业街区景观。小到地面铺装的选择，大到建筑立面的设计都关系到人们在商业街区中的心理感受和行为举止。

商业街区景观设计不仅要从软质和硬质景观方面去考虑，还要考虑机动车、非机动车的行驶与停靠；步行交通系统与建筑整体的衔接；商品在商业街区中的展销与人流走动的关系；临时演出和观赏停留等待区的关系；消防救护及突发事件与整个商业街区的关系等。

二、作为消费者的商业环境行为

在这里要强调的是，除了买东西的消费，老百姓上街还有很多别的消费行为，例如，饮食、娱乐包括跳舞，滑冰，打保龄球，看电影，看演出，听音乐会等；还有一些非消费行为，例如，休息，交往，行走等，这些活动时常交织在一起进行。而以上这些需求在设计的时候，都应从人群的心理行为角度出发来考虑。

三、商业街区景观设计应遵循的原则和建议

1.要遵循人性化的原则

从空间的积极程度上看，我们把商业街区划分为积极空间，它服务于人群，也是人们公共交往的一处场地。所以街道的空间形态、地面铺装的尺度与肌理效果、绿植的选择与应用、公共设施的造型与颜色、水景的循环使用等都应该符合人们的使用标准。

2.要遵循生态性的原则

要确保商业街中的绿化覆盖面积，通过营造植物环境，可以有效地降低噪声和废气污染，通过水景设计，比如喷水系统和喷雾系统，可改善商业街区的小环境，对湿度和温度都能起到调节的作用。通过对地势的规划与设计，可强调区域内的水土平衡，使空间结构不死板，具有灵活多变的效果。与此同时，要保护自然生态，避免对自然生态产生破坏。

3.要以创造轻松、舒适的环境氛围为原则

商业街区是人流量较大的地方，每天有数以万计的人来到这里。有研究发现，每天每个人多多少少都要经过一个商业街区，有时候是路过，有时候是驻足。现代都市人的压力非常大，人们很想找到一个“仙境”来释放每天紧张的情绪。所以通过对商业街区的风格、尺度、色彩等进行设计，可以在很大程度上缓解人们这种烦躁不安的心理，让人们真正感受到轻松、愉悦（图5-4-2）。

4.要达到视觉导向性的原则

当我们到达商业街区后，很少会选择呆在车里感受空间，而是会步行在商业街区内部。人们的行走过程是有一定疲劳期的，我们要抓住疲劳期这一时间段，尽可能地让消费者多看、多听、多想甚至多花钱，这才是经营者最终的目的。而作为商业街区景观设计的一员，我们能够做到的就是让人们看到一个更加全面、富有新意、能够吸引人们眼球的设计，一个休息座椅的设计、一个照明设备的设计、一个海报的陈列形式、一个雕塑的造型等都是视觉导向性的具体体现（图5-4-3）。

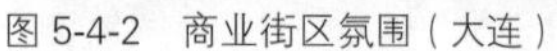
图 5-4-2 商业街区氛围（大连）

图 5-4-3 商业街区导向设计

第五节　城市公园景观设计

公园（图5-5-1）是随着城市的发展而逐渐繁荣起来的，据调查，人们每周至少要到公园一次，而未必会去广场，公园与广场相比，多了对于空间的围界，所以在过去的几年中很多城市公园都是以收费形式存在的，这大大地降低了公园的使用性。而现在很多公园已经改变了传统的运营模式，成为了不收费的场所。这样，人们从感观方面上对城市公园的需求也就更加迫切了。城市公园会影响市民的生活质量，同时也可以美化环境、改善城市的空气质量。因此，城市公园既能满足群众休闲、游憩的需要，又是文化传播的场所；既是向群众进行文明教育、普及科学知识的园地，又是促进社会和谐的重要资源。人们在公园里可以游览、垂钓、锻炼、交往、游乐以及举办花展、工艺品展等各种集体文化活动。

图 5-5-1　黑龙潭公园（丽江）

美国“景观设计之父”奥姆斯特德曾说过：“公园是一件艺术品，随着岁月的积淀，公园会日益被注入文化底蕴。一座公园就是一段历史，它让人们一走进园子，脑海中就浮现出昔日的温馨画面、曾经的美好记忆，一座拱桥、一个雕塑、一棵老树，这些都是弥足珍贵的东西。”

公园会成为一座城市的标志，比如去大连，就会去劳动公园、星海公园；去上海，就会到具有一定中国园林表现特色的豫园；去苏州，当然也少不了要去苏州园林瞧瞧……所以，公园不仅是传统的延续，还是城市文化的体现，从政治、经济、文化、风格的角度上都可以去解读它。

一、公园景观设计的发展历程

世界置景造园拥有上千年的历史，而城市公园仅发展了一二百年，中世纪以前的城市并不存在任何的城市公园，那时的城市以防卫为主要功能。文艺复兴时期意大利人阿尔伯蒂首次提出了在城市公共空间里创造“花园”用于娱乐和休闲的观点，自此花园的功能逐渐为人们所熟悉，其重要性也开始为人们所认识。而城市公园是大工业时代的产物，从发生来讲有两个源头：

一个是贵族私人花园的公众化，即公共花园，这也是公园仍带有花园特质的原因。17世纪中叶，英国爆发了革命，推翻了封建王朝，经历了腥风血雨，诞生了资本主义社会制度。不久，法国也爆发了革命，继而革命的浪潮席卷欧洲。在“自由、平等、博爱”的口号下，新兴的资产阶级没收了封建领主及皇室的财产，将大大小小的宫苑和私园向公众开放，统称为公园。19世纪中期，英国利物浦市动用了税收建造了第一个公众可免费使用的城市花园——伯肯海德公园。

城市公园的另一个源头源于社区或村镇的公共场地，特别是教堂前的开放草地。早在17世纪中期，英国殖民者便已在波士顿购买土地作为公共使用地。自纽约建立中央公园以后，全美各大城市纷纷为各自的城市建造中央公园，形成了公园运动。

现代意义上的城市公园起源于美国，美国景观设计学的奠基人奥姆斯特德提出了在城市兴建公园的伟大构想，并与沃克共同设计了纽约中央公园。这一事件不仅为现代景观设计学开辟了先河，更为重要的是，它标志着城市公众生活景观的诞生。公园，再不只是少数人赏玩的私有物品，而是普通公众也能享受得到的空间。

我国的城市公园由来可追溯到古代皇家园林及官宦、富商和士人的私家园林。但现代意义上的公园是帝国主义侵略的产物，当时殖民者在我国开设租界，为了满足殖民者少数人的游乐活动，才把欧洲式的公园传到了中国。最早的就是19世纪中期在上海建造的“公花园”（黄浦公园）。辛亥革命后，我国广州、南京、昆明、汉口、北京、长沙、厦门等主要大城市出现了一批公园，进入自主建设公园的第一个较快发展时期。这个时期的公园多是在原有风景名胜的基础上改建而成的，新建造的成分较少，有的就是原有的古典园林。只有少数公园是在空地或农地上，参照欧洲公园的特点、特色重新建造的。这些早期的公园建造为以后的公园发展奠定了基础。中华人民共和国成立以后，我国政府除了以古代园林、古建筑或历史纪念地为基础建设了一批公园外，还建设了一批以绿化为主，辅以建筑，布置于城市或市郊的新型公园。这些公园标志着中国城市公园的开始，并意味着广大人民同样拥有了娱乐和游憩的公共场所。改革开放以来，随着园林城市创建活动在全国的开展，为配合城市建设的发展，我国城市公园也经历了一段迅猛发展时期。20世纪下半叶，国家平均每年投入100亿元以上的资金在城市绿化上，约占城市建设资金的10%。城市绿化覆盖率以每年一个百分点的速度增长。到“九五”规划的最后一年，全国城市人均公共绿地面积已达6.8平方米/人，绿化覆盖率达28.1%。20世纪80年代后，公园总数由将近1000个增长到2002年的4000多个。在数量增长的同时，我国城市公园的质量也在不断提高。公园加强了景观绿化，局部生态环境得到显著优化；在公园内增添了大量娱乐和服务设施，丰富了市民在公园内的游玩内容；通过公园的建设，许多历史文化遗址、遗迹和古树名木都得到了较好的保护，公园也成为了市民了解和欣赏自然文化遗产的重要场所。城市公园类型也日趋变化，除了历史园林以外，在城市中心、居民生活区，甚至荒地、废弃地和垃圾填埋场等处，也建设了各式的城市公园。城市公园可以最大限度地满足广大市民日常闲暇生活的需求，在城市发展中起着重要作用。

二、城市公园的分类

城市公园按照性质、面积等条件来进行分类可分为以下几种。

（1）城市基干公园

居住小区游园：居住区内的中心绿地或组团游园。

邻里公园：几个邻里单位形成的公园。

社区公园：一定规模的社区范围内建立的公园。

（2）居住区基干公园

区级综合性公园：为一个行政区居民服务的公园。

区级运动公园：为一个行政区的居民提供体育运动设施和活动场所的公园。

市级综合性公园：为全市居民服务的公园。

（3）线型公园：滨水绿地、林荫大道等线型绿化地带。

（4）专类公园

植物园：以植物科学研究为主的展览性公共绿地。

动物园：集中饲养、展览和研究动物的公共绿地。

风景名胜公园：以开发、利用、保护风景名胜资源为基本任务的游憩绿地。

历史名园：具有历史价值的著名园林。

主题公园：把各种主题色彩的景观和娱乐设施建造在一起的娱乐场所。

博览会公园：介绍或展览科技、文化等方面成就的公园。

雕塑公园：以雕塑为主题，是室外雕塑的一种特殊的展示形式。

森林公园：以森林为主题与主体的公共绿地。

三、城市公园的功能

（一）文化功能

1. 休息游憩功能

城市公园是城市的起居空间，作为城市的公共活动空间，必须能够容纳大量的来自周围居住区的居民。其中，公共空间必须能够满足大量人群活动的可能性，并要满足市民休闲游憩等需求。休闲游憩功能是城市公园的主要功能。

2. 精神文明建设和科研教育的基地

城市公园是市民主要的户外活动场所。随着全民建设运动的起步，城市公园在发展物质文明的同时，也成为了传播精神文明、科学知识等的重要场所。有助于开阔市民眼界，提高市民整体素质，形成大众文化。城市公园在社会精神文明建设中的作用日益突出。

（二）经济功能

1. 防灾、减灾功能

城市公园多为大面积公共开放空间，是城市居民日常聚集的主要地带，为城市居民防火、防灾、避难等提供了很大的保障。城市公园可作为灾情发生时的紧急避难场所、火灾时的隔离带，更大的公园还可作为救援直升飞机的降落场地、救灾物资的集散地、救灾人员驻扎地及临时医院的安置空间、灾民的临时集散地和倒塌建筑物的临时堆放场地等。

2. 促进城市旅游业的发展

随着城市旅游的兴起，许多知名的大型综合公园以其独特的品位率先成为城市重要的旅游吸引物，城市公园也逐渐有了城市旅游中心或标志物的功能。比如，大连老虎滩海洋公园就是以大连海滨城市为主题兴建的一个具有城市特色并且具有旅游性质的大型综合性公园。

（三）环境功能

1. 维持城市生态平衡的功能

城市公园拥有大面积的绿化，对水土起着很好的保护作用，可以防风防尘，净化城市环境，被人们称为“城市的肺”“城市的氧吧”，在缓解城市热岛效应等方面也具有良好的生态功能，有效地维持了城市的生态平衡，具有重要的作用。

2. 美化城市景观

从城市公园诞生开始，它就被赋予了美学的意义。大批园林绿地的建设，使城市公园成为城市绿地系统中最大的绿色生态斑块，是城市的绿色软质景观，它和城市的其他建筑等灰色硬质景观形成鲜明的对比，使城市景观得以软化。同时，城市公园也是主要的城市特色，在美化城市景观方面占据着重要的位置。

四、城市公园景观的设计原则

城市公园景观的设计，必须遵循以下原则：

1. 异质性原则

景观的异质性分为空间异质性、时间异质性和功能异质性，以空间异质性为主。正因为景观的异质性，景观才能丰富、多样化，也才能在充满生机的同时趋于稳定。

2. 多样性原则

景观多样性是指不同类型的景观在空间、功能和时间等方面的复杂度及变化性。城市生物多样性中包含景观多样性，这是城市规划的需要，也是合理设计城市的基础。

3. 景观连接性原则

城市景观规划中特别强调保护和还原景观的原生态与格局的连接性和完整性，保留城市中残余绿色斑块与湿地自然斑块之间的关联。这些空间的连接主要由廊道等完成。

4. 生态性原则

景观生态是由不同生态系统组合成的整体，景观生态性是通过生物或非生物与人相互作用展现的。

5. 整体优化原则

增强城市绿化，注重景观的自然发展及特性，设计应与城市生态系统融会贯通，增强公园绿化系统的整体性。

第六节　办公区园林景观设计

随着城市经济的不断发展，室外办公区域景观设计日益受到人们的关注和重视，办公区园林绿化不仅要与现代都市园林风格相结合，融功能、景观、文化于一体，更要注重体现单位的特色。在塑造园林景观时，往往将建筑融于园林之中，以满足人们在紧张的工作之余对就近的放松休闲场所的需求，以达到劳逸结合、提高工作效率的目的。现代西方发达国家，特别是美国的高科技园区或室外办公区域的景观设计已经在某种程度上实现了“在天堂中工作”的生活理想。在日本及欧美发达国家，景观设计早就采用了现代设计理念，并充斥着现代设计元素，以功能合理及形式感强的设计手法打造室外办公区域的景观。

一、办公区景观设计的特征

办公区园林绿化相对于公园绿化来说，有其独有的特点：首先，公园绿化的目的是为了满足人们游憩欣赏的需要，它要求有自身鲜明的主题、独特的园林风格以及能满足游览需求的相应配套设施，而办公区绿地的绿化主要是通过种植树木、花草，营造一个绿树成荫、空气清新、优美舒适的工作环境，从而提高工作质量和效率，起到绿化和美化的效果。其次，办公区绿地的主体是建筑物，园林植物只是补充和完善，通过合理的设计布局来衬托建筑的风格、韵味。再次，办公区的园林绿化设计布局应当简单明了，主要以植物造景为主，在面积、地形许可的情况下，适当设置小水体，点缀一些园林小品。由日本著名的景观设计师三古彻设计的筑波研究所中庭景观就是一个很成功的例子，该研究所的中庭周围为研究所的办公楼，研究所要求其中庭有“大片的绿”，以便让办公楼中研究人员的眼睛得到休息。设计师根据中庭的平面形状，设计了以长短不一的以水平线为主、斜线为辅的几何形式感很强的景观平面，让人感觉稳定却又富于变化，并且与周围的建筑形式协调得很好。

二、办公区园林景观的设计原则

1. 简洁性原则和以人为本原则

办公区环境特殊，用地紧张，应以植物造景为主、环艺小品设施为辅，适当建设办公园区园林景观。办公区园林景观设计可以以草坪为基调，在主要入口及综合楼办公区域配以形态优美的树种做点缀。景观小品应趋向协调，空间尺度要趋向合理，植物配置宜趋向科学。应考虑好如何用最小的投资达到最好的效果。人是景观的使用者，也是景观的受益者。因此，也应当考虑人的要求，做好总体布局，减少建设中的种种矛盾，提高环境质量，创造舒适宜人的办公环境（图5-6-1、图5-6-2）。

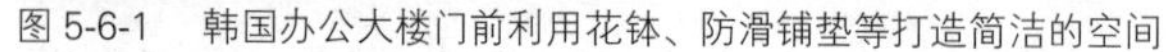

图 5-6-1　韩国办公大楼门前利用花钵、防滑铺垫等打造简洁的空间

图 5-6-2　盲道的设计用来突出景观设计的人性化

2.识别性原则和因地制宜原则

企业是办公区环境的主体，要求所处的环境具有基本的识别性，能让人们分辨出企业在空间环境中所处的位置、方向，了解到企业的内涵。凯文·林奇在《城市的印象》中提到：“一个有效的城市意象，首先其对象必须具有识别性，这指的是它能有别于其他东西，可以作为一个独立的实体而被认知，这就称为识别性，不是与他物等同的感觉，而是

个别性或独特性的意思。”因此，尤其是主要入口、办公区入口前建筑群、办公区前广场等关键地方，作为办公区对外联系的中心，是内外人流最集中的地方，在一定程度上代表着办公区的形象，体现着办公区的面貌，也是办公区文明生产的象征，应从园林景观设计的角度体现出其独特性，以便于识别。其次，在选择配置景区、景点时，需要根据实地情况，科学合理地进行配置，既要满足建设需要，又要和环境以最佳方式协调融合（图5-6-3、图5-6-4）。

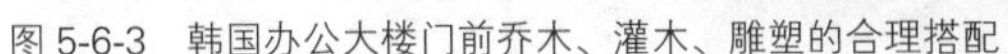

图 5-6-3　韩国办公大楼门前乔木、灌木、雕塑的合理搭配

图 5-6-4　韩国办公大楼出入口设计体现景观的识别性原则

3.通达性原则和文化造园原则

通达性可保证办公区园林景观各种功能使用的效率和效果。办公区道路系统的设计牵涉到车辆、人流的组织，其路网结构可以说是整个区域内空间布局的骨架，合理的车流分析是路网结构设计的依据。主干道应保证区域内车流通畅及与园外的联系，尽量避免车流穿行办公楼所在区域，而且一般主干道都形成环路，方便车流顺畅地流通。办公区的停车场有其自身的特点：首先，其根本目的是满足员工上班停车的需要，以安全、方便和舒适为原则，因此可以为了进出方便将车位设在办公楼门前。同时需要适当的景观绿化来隐蔽和遮掩，避免汽车暴晒在烈日之下。办公区的步行系统充分表达了其工作和休闲的综合性特点，步行通道的设计应满足人在不同场景下的需求，需要从功能和性质上体现不同的特点。同时设计时要从文化特色、办公区文化特色、地方文化特色中挖掘和寻找内涵，自古以来，园林植物往往都被赋予深刻的内涵。例如，青翠竹兰表现气节虚心，傲霜寒梅表现不畏艰辛、坚韧不屈等。行政办公区园林绿化设计也要注重用植物表达意境，以特定的意境表现行政办公区的特色。运用富有生命力的园林景观去营造文化底蕴，保证设计的超前性和生命力（图5-6-5、图5-6-6）。

图 5-6-5　韩国行政办公大楼门前富有文化意义的雕塑景观

图 5-6-6　韩国首尔办公大楼中心景观

第六章
优秀作品欣赏

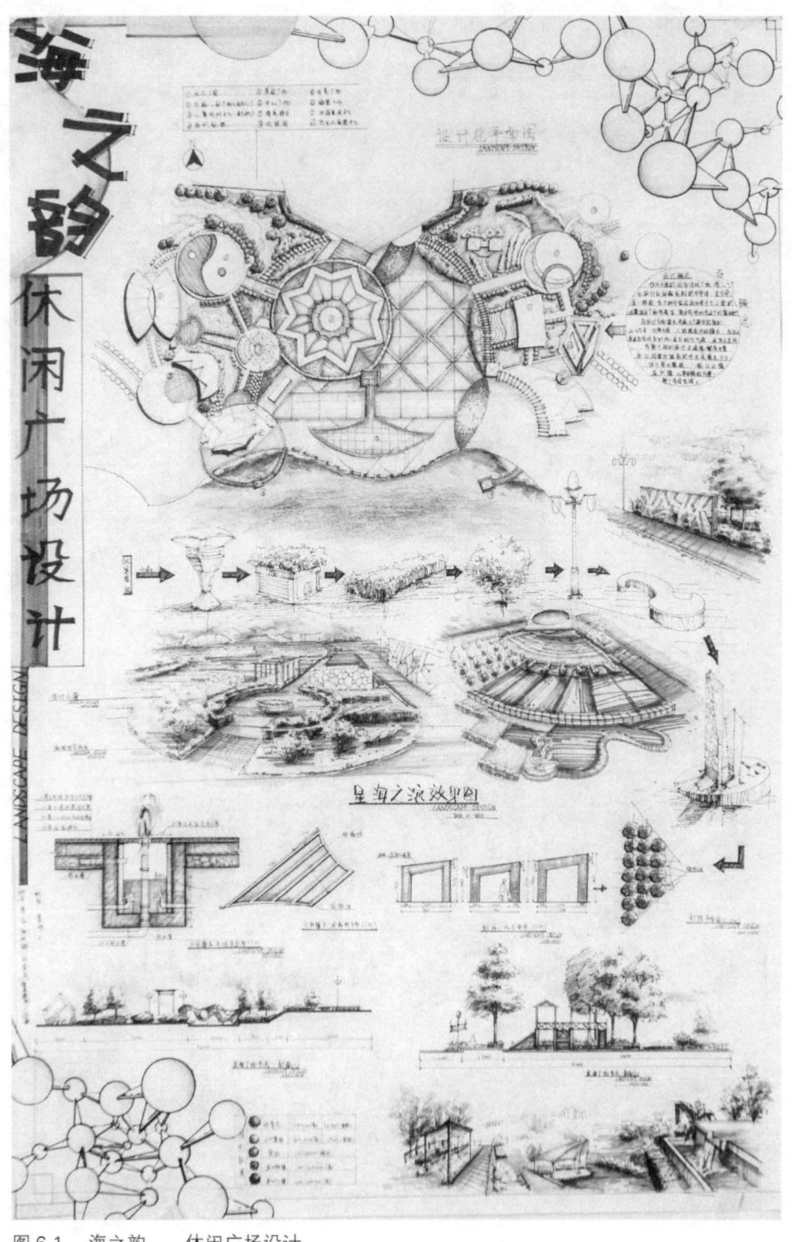

图 6-1 海之韵——休闲广场设计

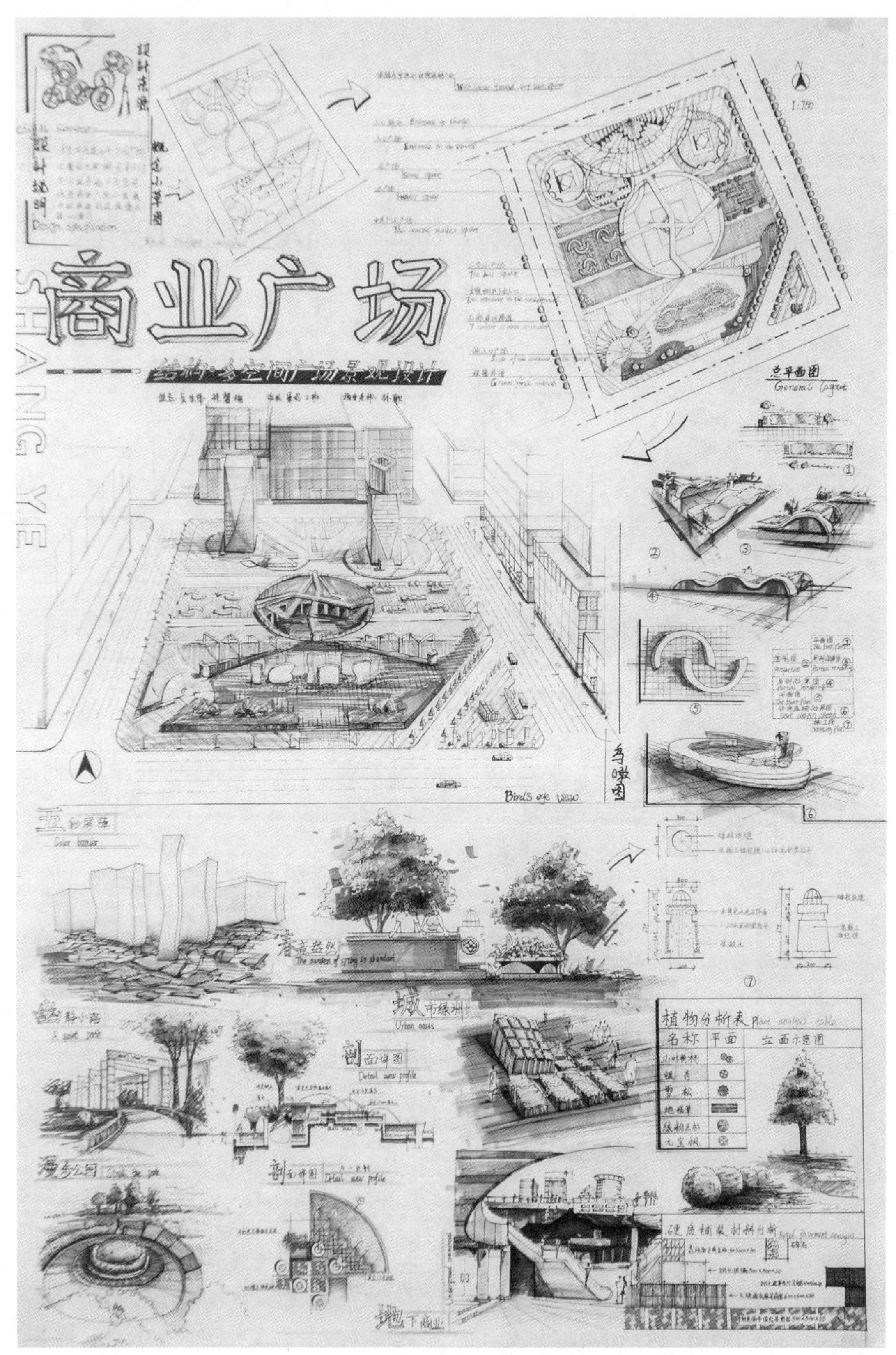

商业广场
SHANG YE
结构·多空间广场景观设计
N
1:750
总平面图
General Layout
鸟瞰图
Bird's eye view
Color barrier
城市绿洲
Urban oasis
剖面详图
Detail view profile
植物分析表
名称
平面
立面示意图
地被草
地下商业

图 6-2　商业广场设计

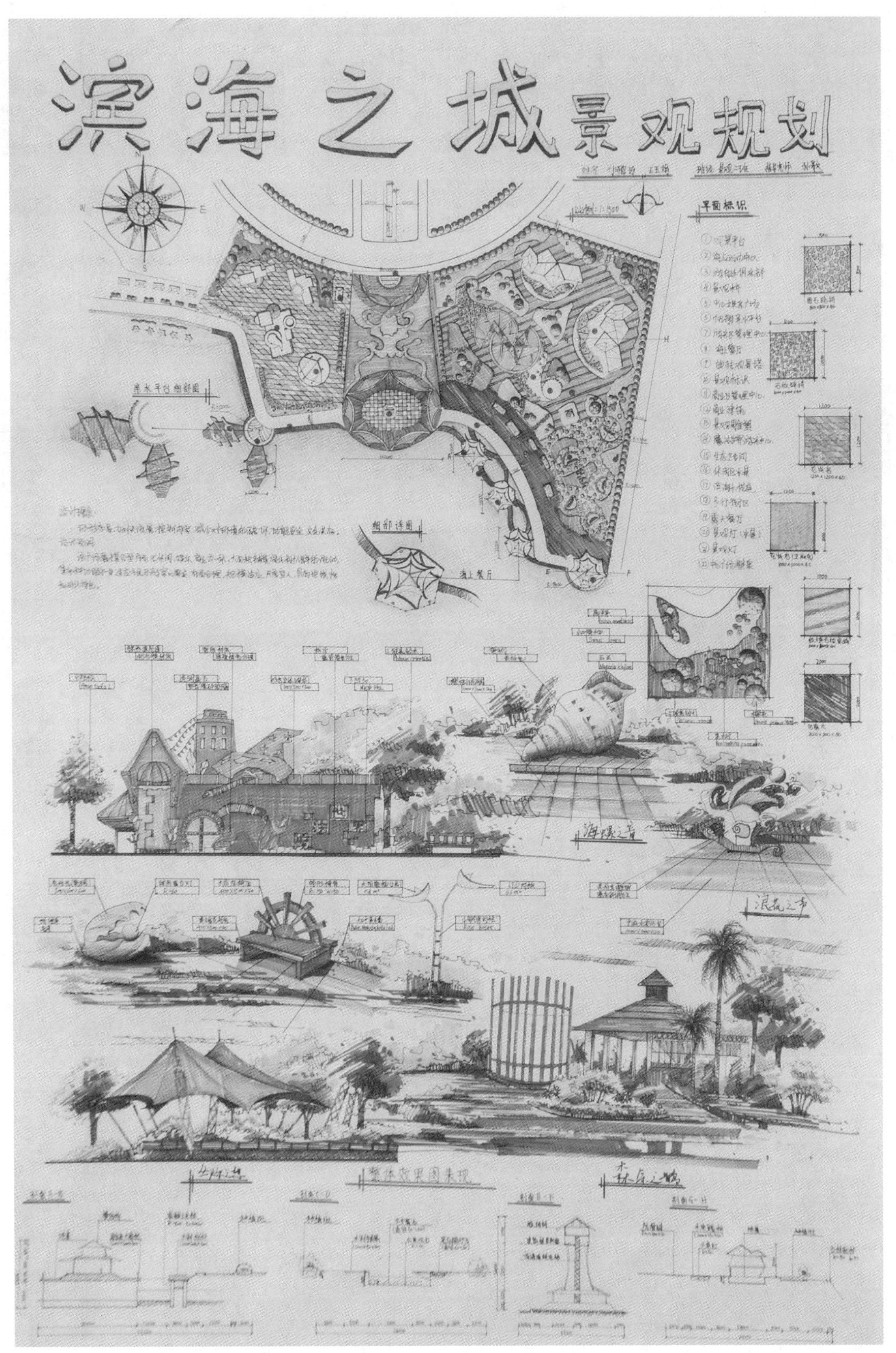

图 6-3　付鹏玲、王玉娟《滨海之城——景观规划》

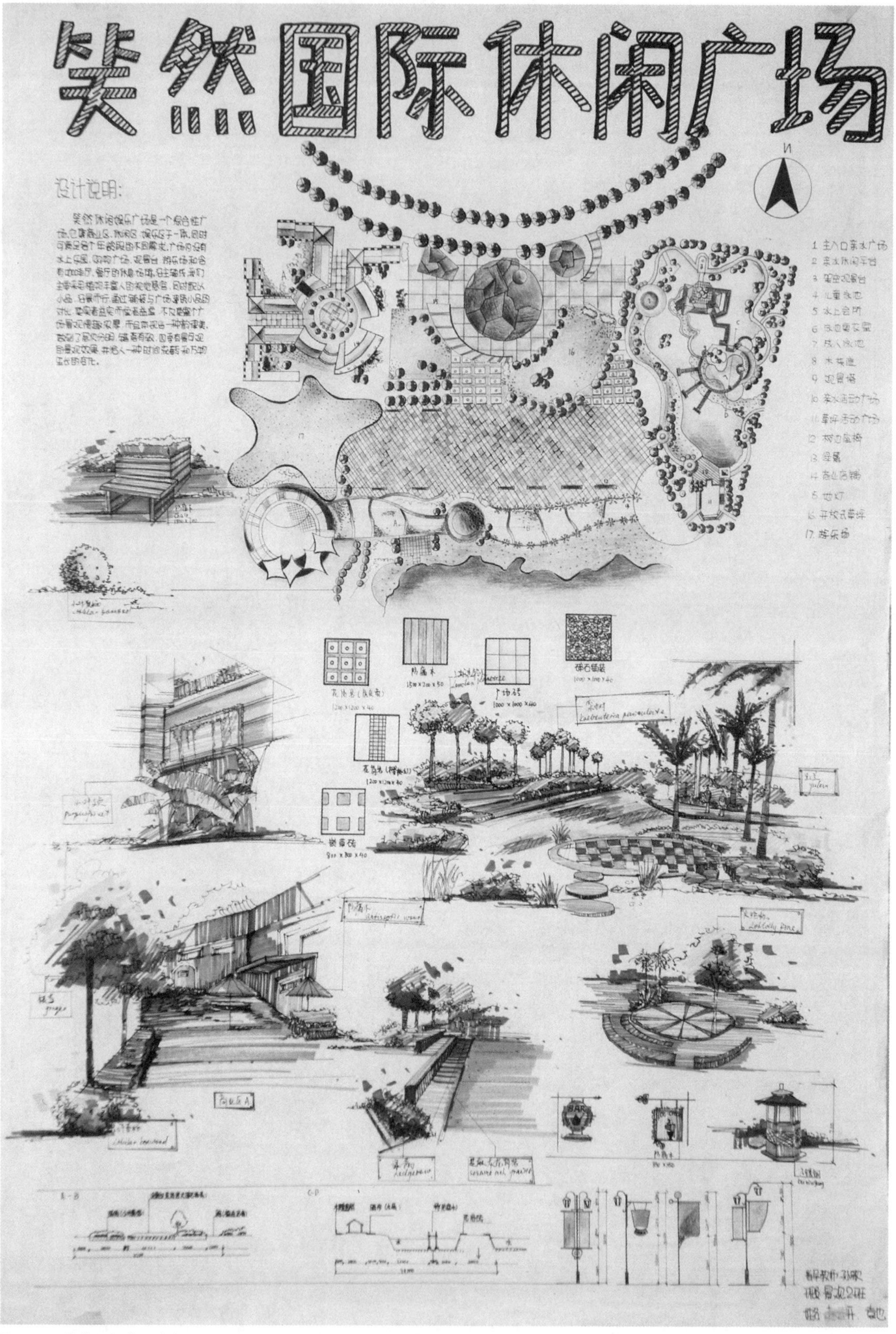

图 6-4　笑然国际休闲广场

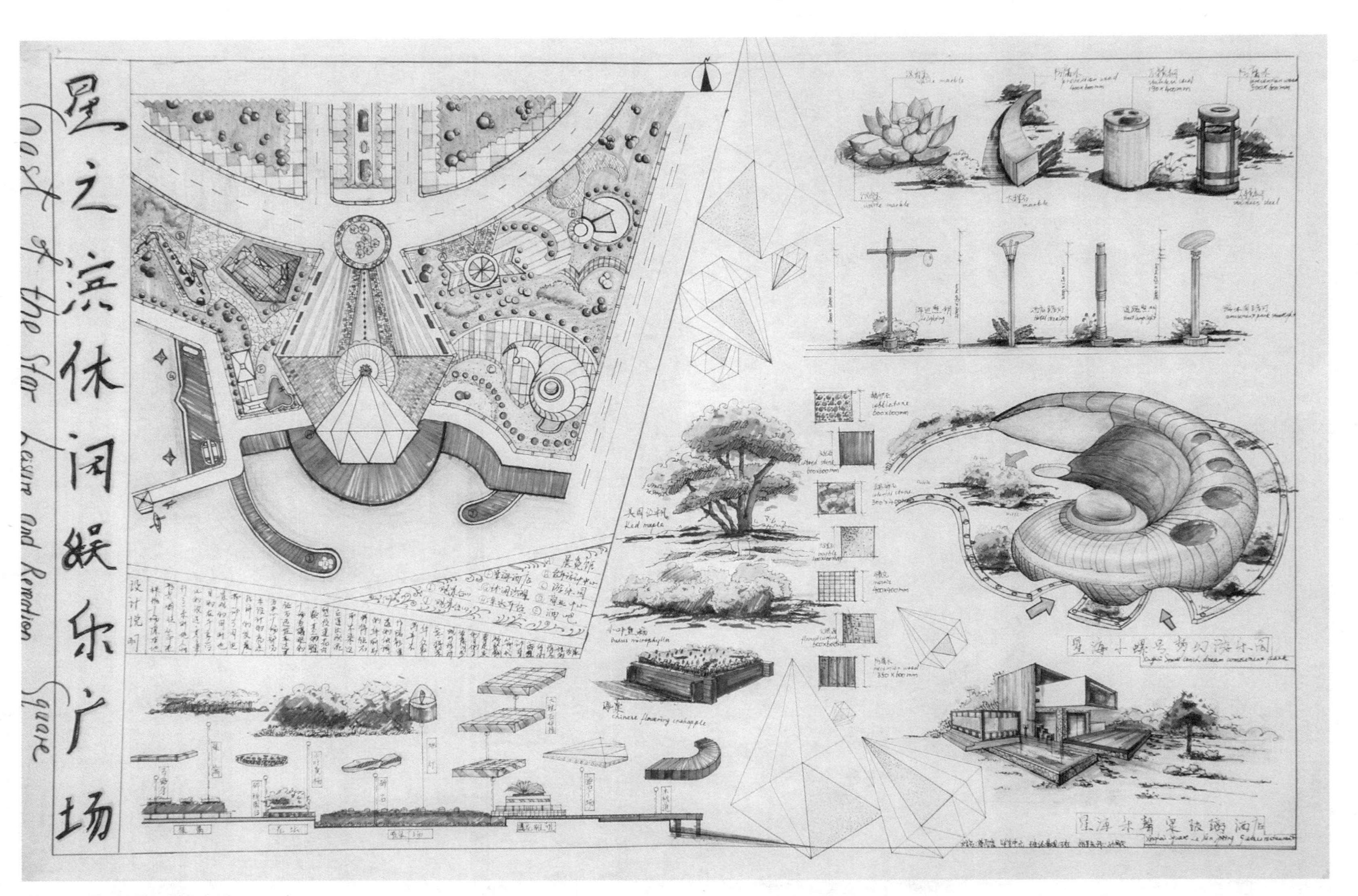

图 6-5 星之滨休闲娱乐广场

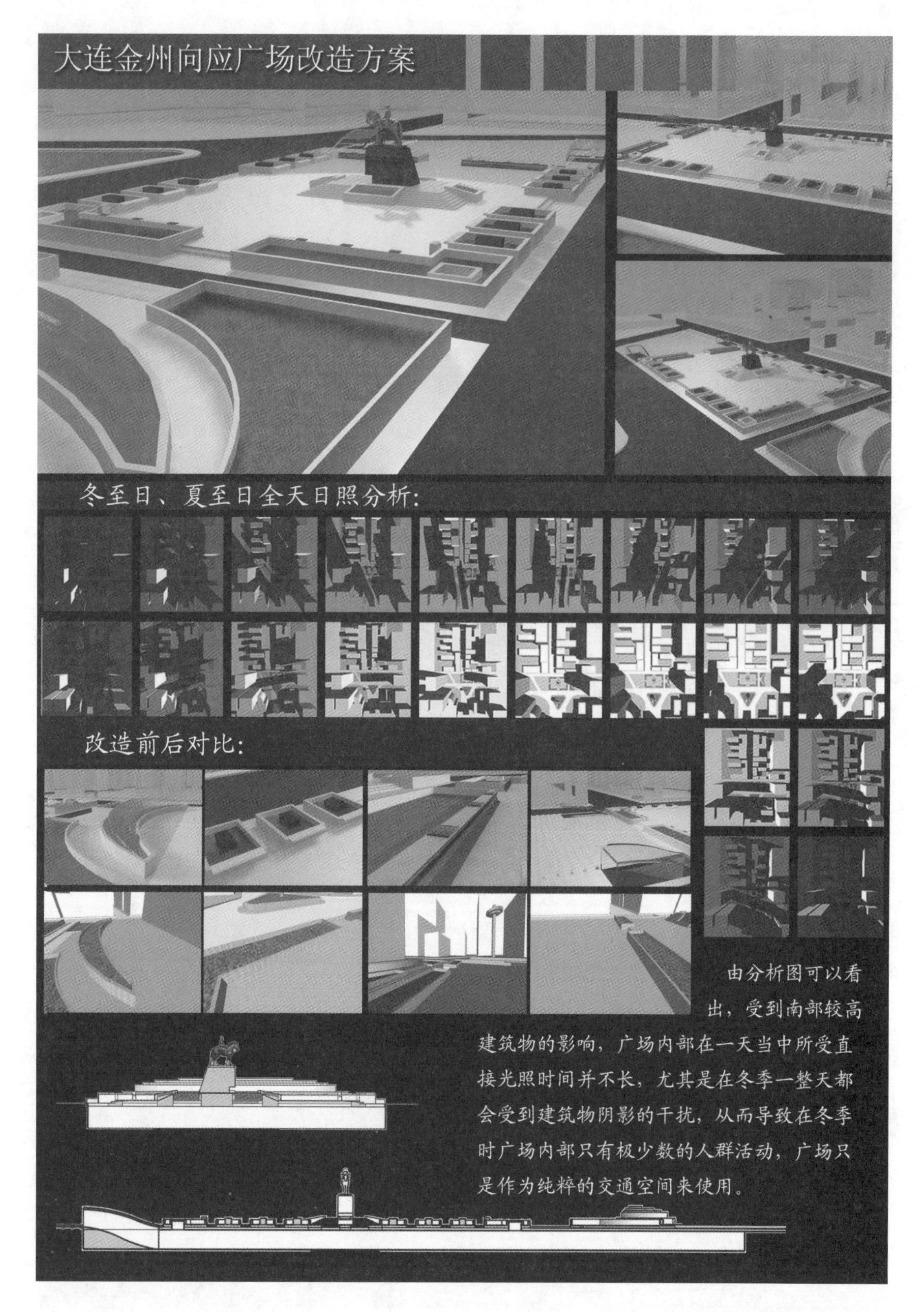

图 6-6 大连金州向应广场改造方案

图 6-7 程馨楠《忆江南宅间景观规划设计》

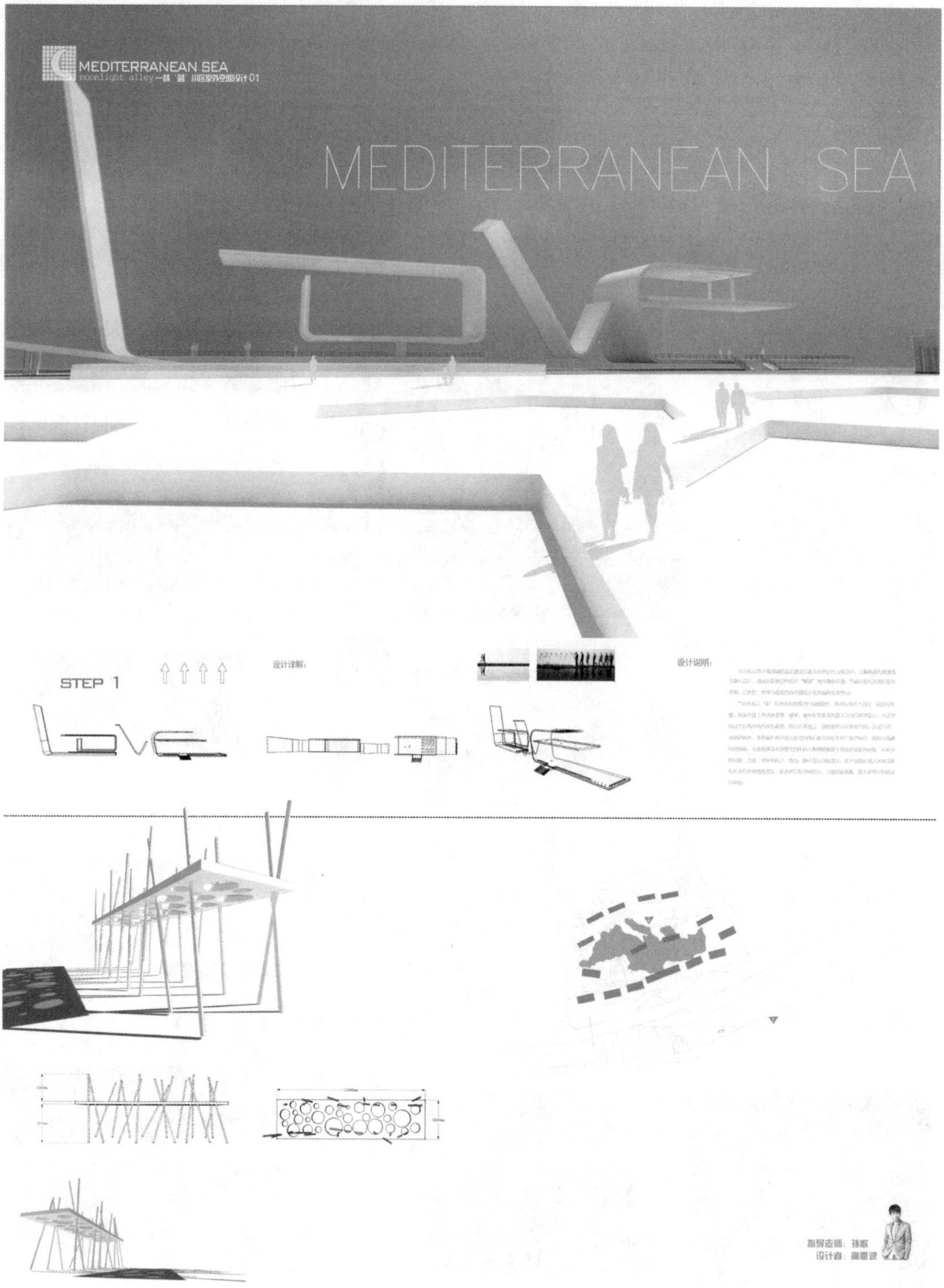

图 6-8 高恩波系列作品（a）

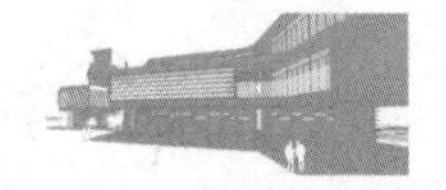

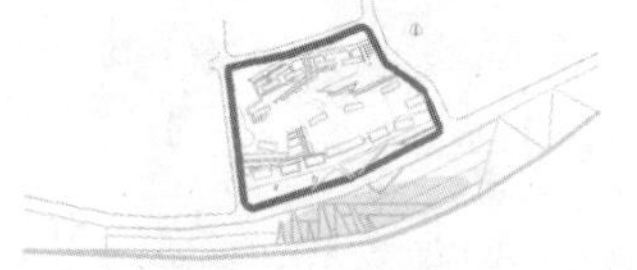

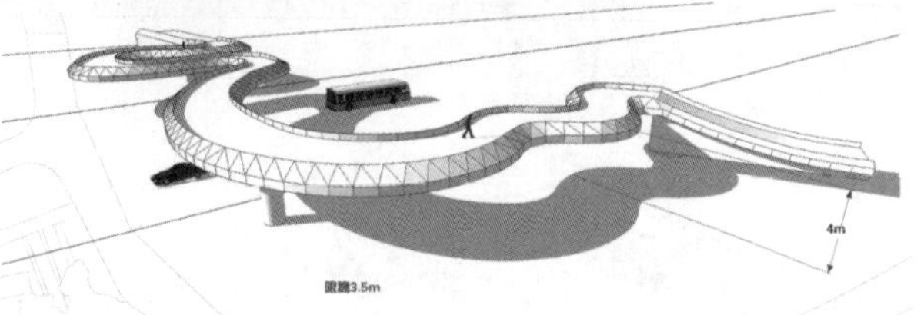

海边景观设计

地中海那端的一抹蓝

图 6-9　高恩波系列作品（b）

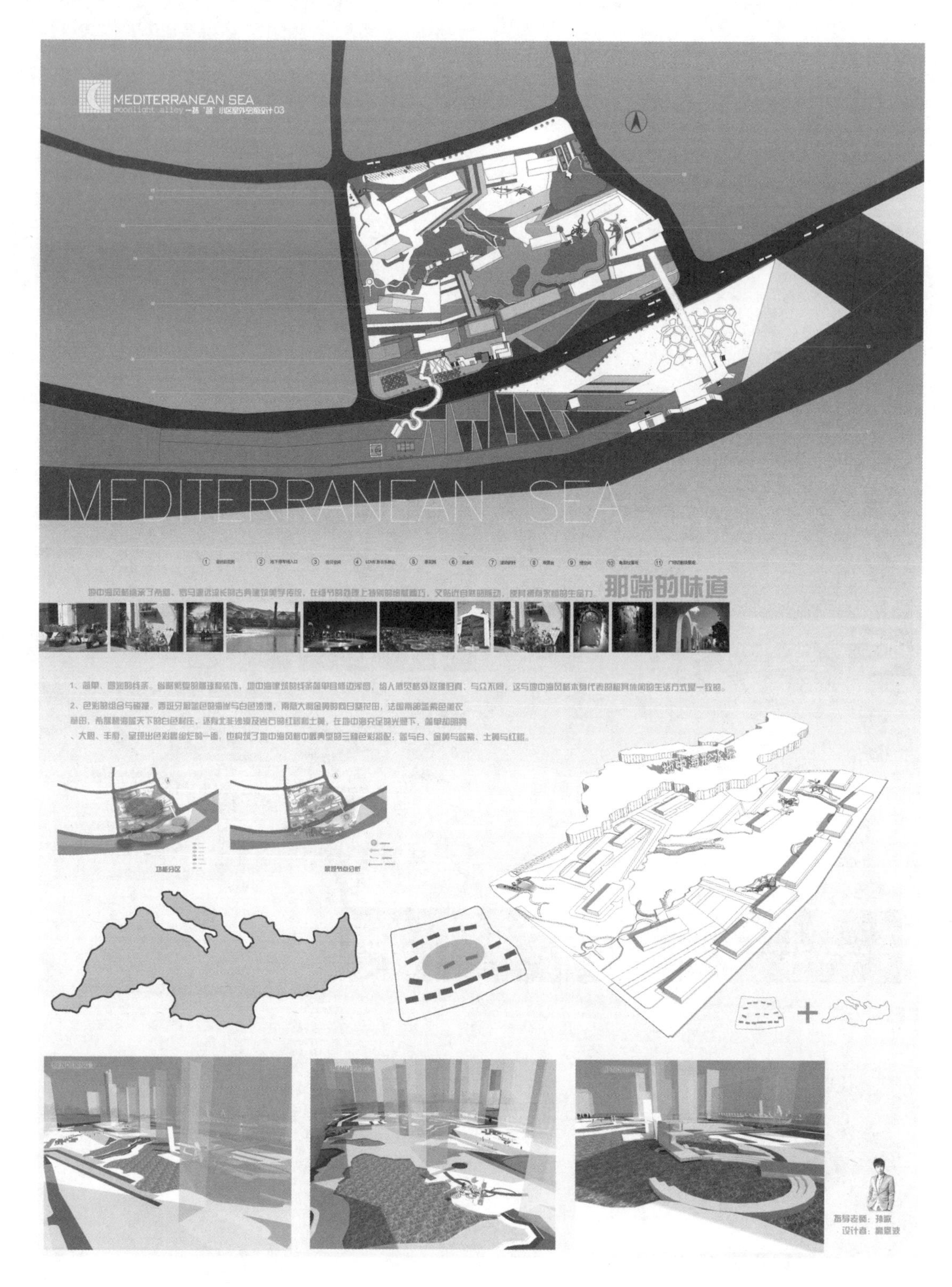

图 6-10　高恩波系列作品（c）

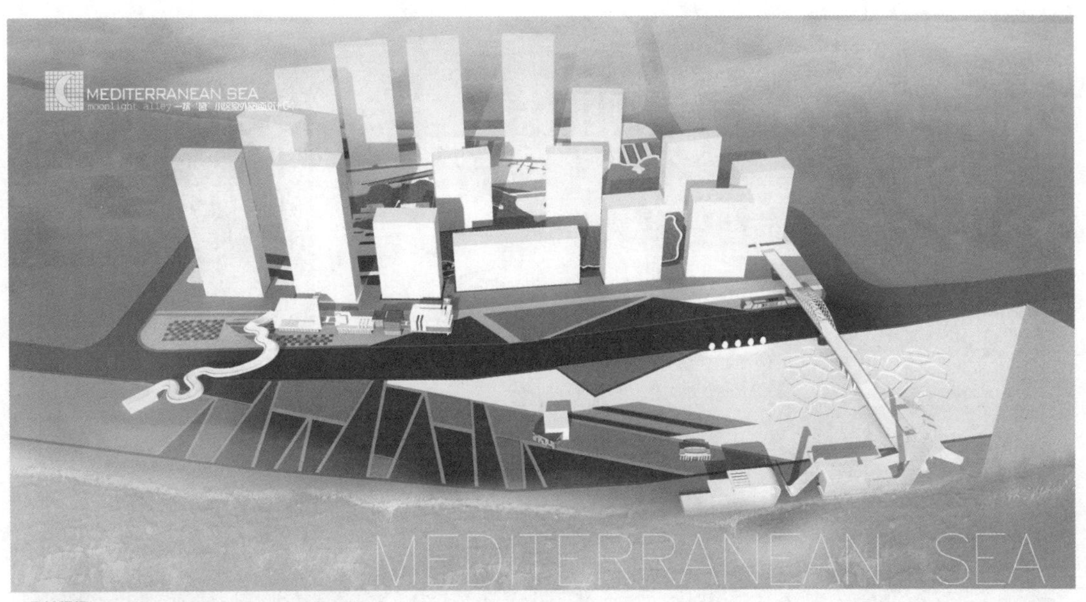

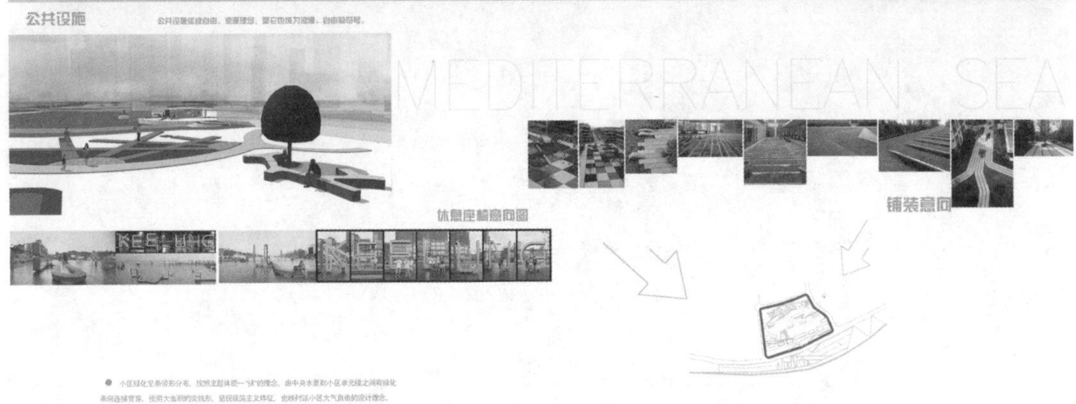

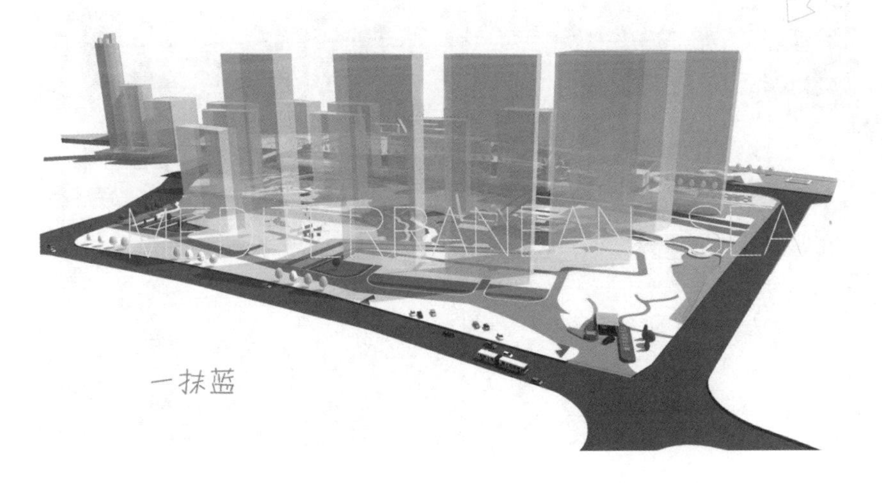

图 6-11　高恩波系列作品（d）

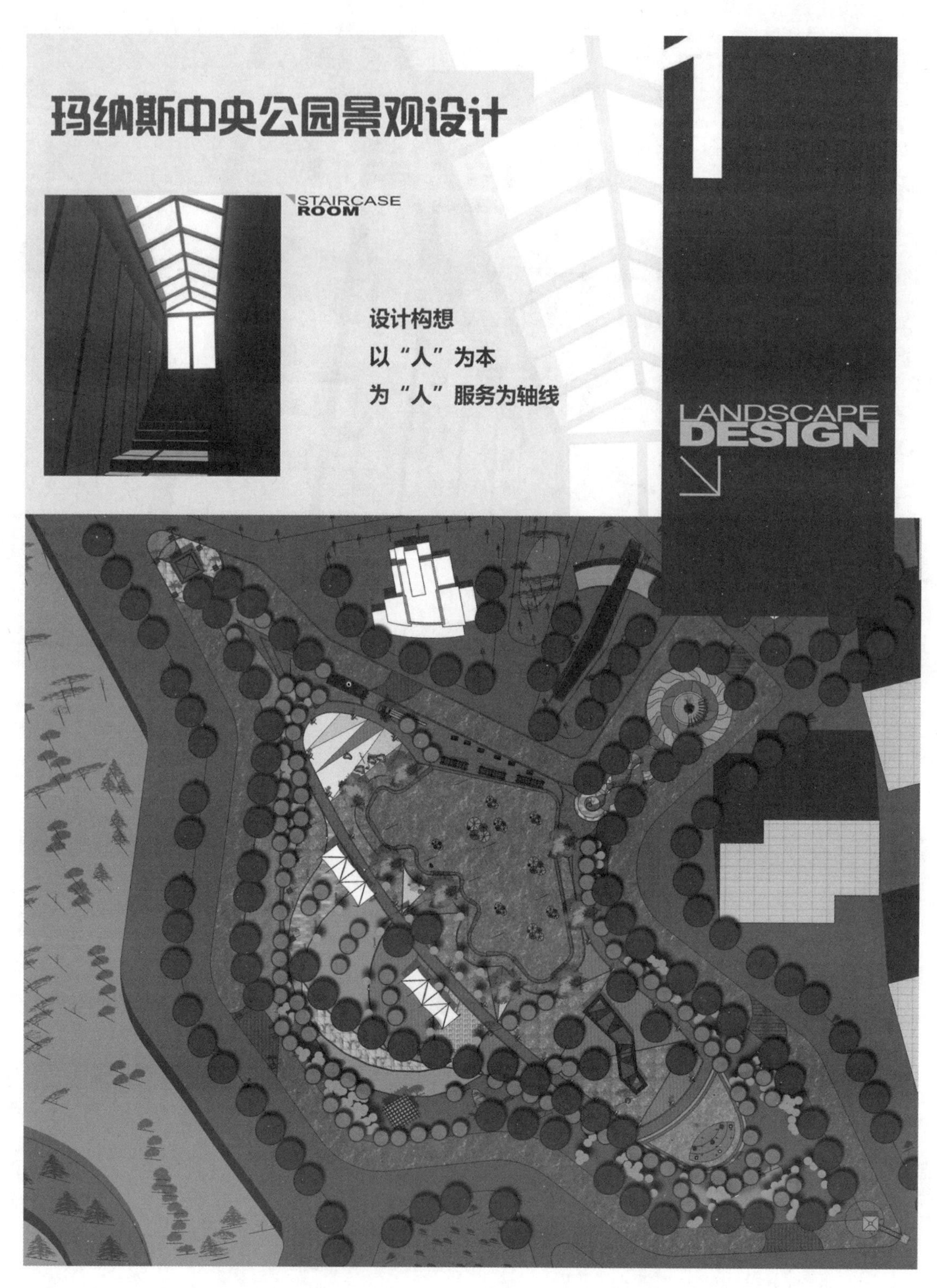

图 6-12　黄莹莹《玛纳斯中央公园景观设计》（a）

玛纳斯中央公园景观设计

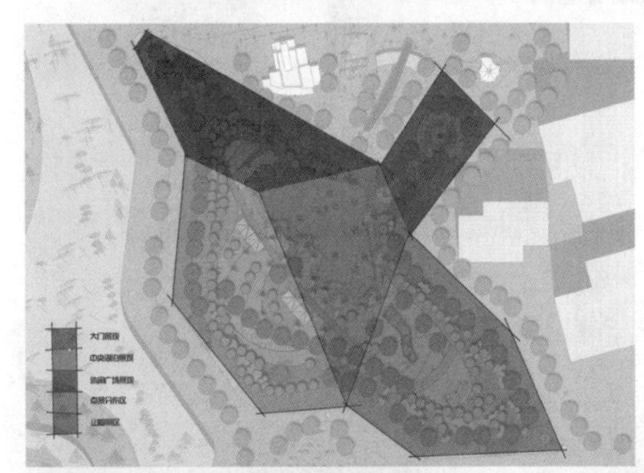

总平面布局

在本规划设计中采用的是周边式布局方式，共有五个组团构成主要围绕着中心广场区和中心水景区四周布置，以及南向沿街布置对外商业组团。景园四周分散设置了四个出入口，有最佳的朝向和风景，然后，北向、南向、东北向各有一个次入口。景园内组团之间由循环通行道相贯通，内侧有单车道和尽端道路相连。小区主景观为中心的水景区和广场区，优越的位置构成了景园内的主体环境，依山就水达到了良好的景观效果。

图 6-13　黄莹莹《玛纳斯中央公园景观设计》（b）

玛纳斯中央公园景观设计

设计理念

环境是构成自然的主体，然而人又是自然的产物。因此，在本规划设计中主要考虑“人与自然”之间的和谐关系，坚持以人为本的设计理念。设计中以生态环境优先为原则，充分体现对人的关怀，坚持以人为本，大处着眼，整体设计。在规划的同时，辅以景观设计，最大限度的体现居住区本身的底蕴，设计中尽量保留居住区原有的积极元素，加上合谐亲切的人工造景，使居民乐居其中。

图 6-14 黄莹莹《玛纳斯中央公园景观设计》（c）

图 6-15 黄莹莹《玛纳斯中央公园景观设计》（d）

参考文献

[1] 王国彬，刘贯，石大伟 . 景观设计 . 北京：中国青年出版社，2009.

[2] 唐延强，陈孟琰 . 景观规划设计 . 上海：上海交通大学出版社，2012.

[3] 刘丽，韩涛 . 园林工程 . 南京：南京大学出版社，2011.

[4] 郝赤彪 . 景观设计原理 . 北京：中国电力出版社，2009.

[5] 张塔洪，黄生惠 . 园林景观设计 . 南京：南京大学出版社，2010.

[6] 尚磊，杨珺 . 景观规划设计方法与程序北京：中国水利水电出版社，2007.

[7] 王晶 . 景观规划设计实用教程 . 沈阳：万卷出版公司，2008.

[8] 唐贤巩，王佩之 . 景观设计基础 . 哈尔滨：哈尔滨工程大学出版社，2011.

[9] 王晓俊 . 风景园林设计 . 南京：江苏科学技术出版社，2008.

[10] 劳动和社会保障部教材办公室，上海市职业培训指导中心，助理景观设计师，中国劳动社会保障出版社，2008.

[11] 劳动和社会保障部教材办公室，上海市职业培训指导中心，景观设计员，中国劳动社会保障出版社，2008.